高等院校应用型人才培养数字化融合教材

电工技术与 MATLAB/Simulink 数字化应用

蒋永华　于晓慧　陆爽　编著

U0395512

华东理工大学出版社
EAST CHINA UNIVERSITY OF SCIENCE AND TECHNOLOGY PRESS
·上海·

图书在版编目(CIP)数据

电工技术与 MATLAB/Simulink 数字化应用 / 蒋永华，
于晓慧，陆爽编著. —上海：华东理工大学出版社，
2022.8

ISBN 978 - 7 - 5628 - 6889 - 7

Ⅰ.①电… Ⅱ.①蒋… ②于… ③陆… Ⅲ.①电工技
术—计算机仿真—应用软件 Ⅳ.①TM - 39

中国版本图书馆 CIP 数据核字(2022)第 146972 号

内 容 提 要

本书为解决电工学教学中理论与实践深度融合而编写,其特色是借助数字
化计算仿真软件,将理论知识与实践案例有机结合,既包括电工学理论基本内
容,每一个理论知识点又包含 MATLAB/Simulink 仿真案例,使得学生们在学
习电工学理论的同时可以用仿真来设计和验证结果,更易于掌握和应用电工学
知识,具有计算简便化、仿真实验实时化、电工理论可视化的特点。本书包括直
流电路分析、电路的暂态分析、正弦交流电路分析、供电与配电基础、磁路与变
压器、电动机六章,在培养应用型工程技术人才方面有较强的实用性,可供应用
型本科和高职高专院校的非电类工科专业师生使用。

策划编辑 / 吴蒙蒙
责任编辑 / 吴蒙蒙
责任校对 / 陈婉毓
装帧设计 / 徐　蓉
出版发行 / 华东理工大学出版社有限公司
　　　　　地址：上海市梅陇路 130 号,200237
　　　　　电话：021 - 64250306
　　　　　网址：www.ecustpress.cn
　　　　　邮箱：zongbianban@ecustpress.cn

教学资源

印　　刷 / 常熟双乐彩印包装有限公司
开　　本 / 787 mm×1092 mm　1/16
印　　张 / 11.5
字　　数 / 298 千字
版　　次 / 2022 年 8 月第 1 版
印　　次 / 2022 年 8 月第 1 次
定　　价 / 48.00 元

版权所有　侵权必究

前　　言

　　电工学是高职、高专和本科院校工科非电类专业的一门基础课程。它具有较深的理论性和较强的实践性。常见的教学方法是课上讲授电工基本理论、课下辅之以电工实验。但是由于理论计算和技术设计的复杂性，导致学生们课上面对深奥的理论知识、课下面对传统的电工实验箱，既畏惧又无奈进而产生厌学情绪。如何让学生们"进教室、抬起头、动起手"，这是近年来我们进行有关专业课程和数字化深度融合教学探索与实践直面要解决的核心问题。

　　为了便于非电类专业学生掌握电工理论和技术，我们采用电工理论和技术与数字化计算、设计与仿真深度融合的教学改革方法。在众多的有关电气工程 EDA 数字化设计软件中，我们选择 MathWork 公司的软件 MATLAB 作为本课程数字化计算、设计与仿真的教学工具软件。原因就是，在国内的各类工科高职、高专和本科院校中，MATLAB 是很多专业教师和本专科大学生们在数字化计算、数字化设计、数字化仿真、专业课程设计和毕业设计中首选的专业工具软件。MATLAB 无疑是学生们学习电工理论和技术的最佳辅助学习工具，同时也可以实现与后续其他专业课程学习的完美衔接。

　　将电工理论和技术与数字化计算、设计与仿真深度融合，一方面电工理论采用 MATLAB 完成必要的数字计算，另一方面实际电路采用 Simulink/Simscape 电工模块进行设计和仿真，实现直观的图形演示讲解，达到"所见即所得"的教学效果。这不仅能大大地降低学生们的学习难度，而且能极大地激发学生们的学习兴趣，解决目前亟待解决的"进教室、抬起头、动起手"教学难题，同时也可解决电工实验的实验时间受限和实验空间有限的普遍问题。

　　MATLAB 是目前科学与工程技术领域中应用和影响最为广泛的三大计算机数学语言之一（其他两种是 Mathematica 和 Maple）。从某种意义上讲，在纯数学以外的科学技术领域中，MATLAB 有着其他两种数学语言无法媲美的极其广泛的适用范围优势。特别是应用 MATLAB/Simulink/Simscape 可实现电路模块化"搭积木"式设计，其元件库提供了搭建各种复杂电气工程电路所需的物理模型。电路仿真界面的交互式参数设置简单方便，可完成各种数字化电路的计算、设计与仿真，并且可以实时地把电路仿真波形展示出来,同时各种清晰的电路设计图形更有助于学生们对电工理论和技术的深入理解和掌握。

本教材既包含传统电工学课程的基本内容,又包含基于 MATLAB/Simulink/Simscape 的理论计算、技术设计与仿真案例。在教材的编写过程中,借鉴了大量的国内外优秀教材与文献资料。在此,向上述教材和资料的原作者表示衷心的敬意和感谢!

本教材由浙江师范大学行知学院蒋永华、陆爽,长春工业大学人文信息学院于晓慧共同编著,此外浙江师范大学行知学院郑丽娟、唐超、赵逸斋也参加了资料整理和修订工作。

衷心感谢华东理工大学出版社对我们的鼓励、支持和真诚的帮助。

由于编者水平有限,教材中的缺点和疏漏之处在所难免,恳请专家、同行批评指正。

编者

2022 年 3 月 30 日

目　　录

第1章　直流电路分析

电路是电工技术研究的主要对象，是电工技术和电子技术的基础。直流电路是交流电路、电子电路的基础。本章主要介绍电路的基本知识、基本定理、基本定律，以及应用这些定理、定律分析和计算直流电路的方法。这些方法不仅适用于直流电路的分析计算，原则上也适用于其他电路的分析计算。因此，本章是学习电工电子技术非常重要的基础。

直流电的电流以恒定的方向流动。直流电可以由直流发电机产生，也可以由化学方式产生，如干电池、蓄电池、手机电池等。现在应用的直流电主要是由交流电经整流变换之后得到的，而交流电的大小和方向随时间而变化。我们日常生活中的用电基本上是交流电或是由交流电整流变换而来的直流电。

1.1　电路及电路模型

电路是电流流通的路径。它是由具有不同电气性能及作用的元器件按照一定的方式连接而成的。电路的结构根据其所完成任务的不同而不同，简单电路可以由几个元件构成，复杂电路可以由成千上万个元件而构成。无论是简单还是复杂的电路，一个完整的电路的基本组成一般包括三部分：电源、负载和中间环节（包括开关和导线）。

电路的作用主要有两种，其一是电能的传输与转换，其二是实现信号的传递和处理。如图1.1.1所示为电力传输与转换系统示意图。图中，发电机 G 发出电能，电能经由升压变压器与降压变压器转换后，供给用电设备（负载）使用。

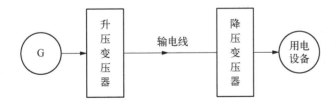

图 1.1.1　电力传输与转换系统示意图

掌握电路基本知识的目的就是会研究和分析其能量转换的一般规律，即掌握电路的最本质、最普遍的规律。组成实际电路的元器件，如发动机、变压器、电动机、白炽灯等的电磁特性是比较复杂的。以电阻加热器为例，当电流通过时，除了产生热效应表现电阻性外，电流还会产生磁场和电场，并同时具有电感性和电容性。考虑到实际元器件的多种电磁特性在强弱程度上的不同，可以将组成电路的实际元器件加以近似化、理想化，保留它的主要性质，忽略其次要性质，并用一个足以反映其主要性质的模型来表示，这个模型人们习惯上称它为理想元件。比如白炽灯、电阻加热器、电暖气等，由于大多数电能都转化为热能，在一定的频率范围内可以忽略其电容和电感，其主要电磁特性就是电阻性。因此，把它们理想化处理，认为它们都是理想电阻元件，只有电阻性。同样,对于理想电感器,只考虑电感性;对于理想电容器,只考虑电容性。

电路模型:由理想元件所组成的与实际元件相对应并且用统一规定的标准符号表示实际电路[图 1.1.2(a)]的模型[图 1.1.2(b)]被称为电路模型,简称电路。

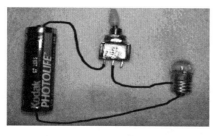
(a) 实际电路

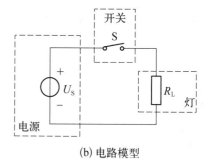
(b) 电路模型

图 1.1.2 实际电路与电路模型

电路模型是由理想元件和理想导线相互连接而成的整体,是对实际电路进行科学抽象的结果。

将一个实际电路抽象为电路模型的过程又称为建模过程,其结果与实际电路的工作条件以及对计算精度的要求有关。如图 1.1.2(a)所示的由电池、开关和小灯泡组成实际发光电路,其理想电路模型如图 1.1.2(b)所示。其中理想电阻元件 R_L 是小灯泡模型,理想电源是电池模型,由开关控制其工作状态,开关和导线的电阻忽略不计,用理想开关和理想导线表示。

1.2 电路的基本物理量

电路中的基本物理量主要有电流、电压、电功率。认识、了解和掌握这些物理量是学习电工技术的基础。

1.2.1 电流及参考方向

电流:电荷有规则的运动形成电流,电流等于单位时间内通过导体某截面的电荷量。用符号 I 或 i 表示。通常,直流电流用斜体大写字母 I 表示,交流电流用小写字母 i 表示。

设在 $\mathrm{d}t$ 时间内通过导体某截面的电荷量为 $\mathrm{d}q$,则通过该截面的电流 i 为

$$i = \frac{\mathrm{d}q}{\mathrm{d}t} \tag{1.2.1}$$

电流的单位为安培(A)。其他常用的单位还有千安(kA)、毫安(mA)、微安(μA)等。$1 \text{ kA} = 10^3 \text{ A};1 \text{ mA} = 10^{-3} \text{ A};1 \text{ } \mu\text{A} = 10^{-6} \text{ A}$。

电流是有大小和方向的物理量。规定正电荷定向运动的方向为电流的方向。电路中电流的方向是客观存在的,是确定的,但在具体分析电路时,有时很难判断出电流的实际方向,为此引入电流参考方向的概念,如图 1.2.1 所示。

图 1.2.1(a)中,实际方向与参考方向一致,电流

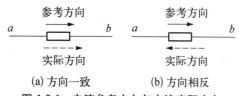
(a) 方向一致   (b) 方向相反

图 1.2.1 电流参考方向与电流实际方向

值为正值,即 $i > 0$;图 1.2.1(b)中,实际方向与参考方向相反,电流值为负值,即 $i < 0$。

　　图 1.2.2 是 Simulink 电流方向仿真模型,模型中电流表测量方向为参考方向,电流源方向为实际方向。图 1.2.2(a)中,实际电流方向与参考电流方向一致,电流表测量结果($I = 6$)为正值,即 $I > 0$;图 1.2.2(b)中,实际电流方向与参考电流方向相反,电流表测量结果($I = -6$)为负值,即 $I < 0$。

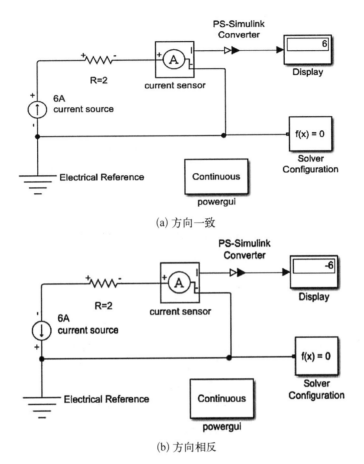

(a) 方向一致

(b) 方向相反

图 1.2.2　电流参考方向与电流实际方向的 Simulink 电路仿真(程序 tu121)

　　直流电流中,大小和方向都不变的电流称为稳恒直流电流[图 1.2.3(a)];大小改变、方向不变的电流称为脉动直流电流[图 1.2.3(b)]。

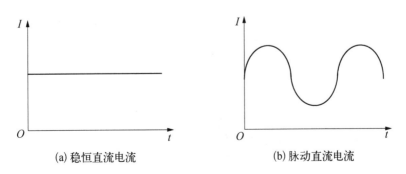

(a) 稳恒直流电流　　　　　　　　　　(b) 脉动直流电流

图 1.2.3　直流电流

交流电流的大小和方向都随时间变化,如图 1.2.4 所示。

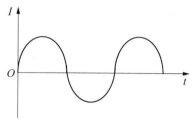

图 1.2.4　交流电流

1.2.2　电压及参考方向

电压:电场力把单位正电荷从 a 点移动到 b 点所做的功称为 a、b 两点之间的电压,用符号 U 或 u 表示。通常直流电压用 U 表示,交流电压用 u 表示。电压也可以用 a、b 两点之间的电位差来计算。电位是设电场中的某点 b 为参考点时,电场力将单位正电荷 q 由电场中的 a 点移动到参考点 b 所做的功,就称为 a 点的电位。

$$u_{ab} = V_a - V_b = \frac{dW}{dq} \tag{1.2.2}$$

其中,W 表示 a、b 两点之间的电场力所做的功,V_a 为 a 点的电位,V_b 为 b 点的电位,q 表示电荷量。电压的单位为伏特(V),其他常用的单位还有千伏(kV)、毫伏(mV)、微伏(μV)等,且 $1\ kV = 10^3\ V$,$1\ mV = 10^{-3}\ V$,$1\ \mu V = 10^{-6}\ V$。

电压与电流一样,同样是有大小和方向的物理量。电压的实际方向为高电位指向低电位的方向,通常用"+"表示高电位点,用"-"表示低电位点,如图 1.2.5 所示。

图 1.2.5　电压参考方向

在实际分析电路时,不清楚实际电压方向,可先设定一参考电压方向,当实际方向与参考方向一致时,电压值为正值;当实际方向与参考方向相反时,电压值为负值。

图 1.2.6 是 Simulink 电压方向仿真模型,模型中电压源方向为实际电压方向,电压表测量方向为参考电压方向。图 1.2.6(a)中,实际方向与参考方向一致,电压表测量结果($U = 27$)为正值,即 $U > 0$;图 1.2.6(b)中,实际方向与参考方向相反,电压表测量结果($U = -27$)为负值,即 $U < 0$。

上节我们介绍了电流参考方向,在分析电路时,电流参考方向与电压参考方向都可以人为设定,当设定的电压与电流的参考方向相同时,我们称两者之间的关系为关联参考方向;当设定的电压与电流的参考方向相反时,我们称两者之间的关系为非关联参考方向。关联与非关联参考方向如图 1.2.7 所示。

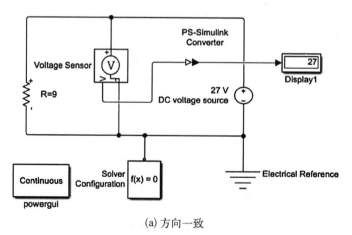

(a)方向一致

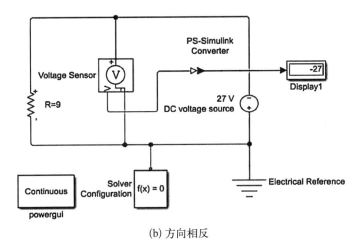

(b) 方向相反

图 1.2.6　电压实际方向与电压参考方向的 Simulink 电路仿真(程序 tu126)

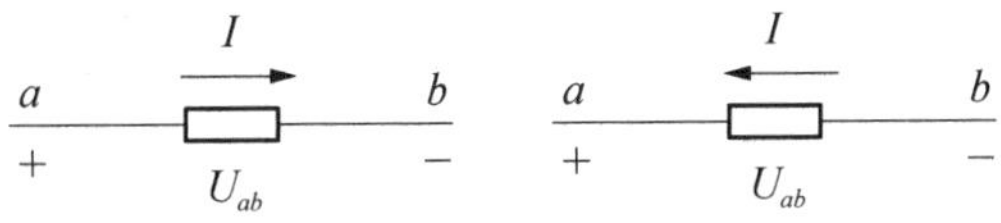

(a) 关联参考方向　　　(b) 非关联参考方向

图 1.2.7　电流与电压的关联与非关联参考方向

从图 1.2.7 中可以看出,当电流参考方向由电压正端指向电压负端时,为关联参考方向;当电流参考方向由电压负端指向电压正端时,为非关联参考方向。引入关联参考方向的概念,可以更方便地分析电路。

【例1.2.1】　已知元件 A、B 的电压、电流参考方向如图 1.2.8 所示。试判断 A、B 元件的电压、电流的参考方向是否关联?

解　A 元件的电压、电流参考方向非关联;B 元件的电压、电流参考方向关联。

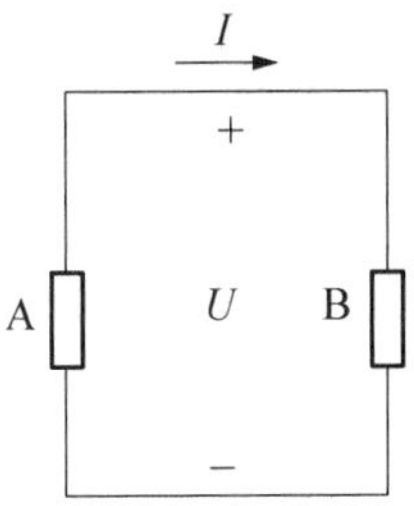

1.2.3　电能与电功率

电路工作时,电源发出电能,负载吸收电能。根据能量守恒定律,若忽略线路上的损耗,那么电源输出的电能就应该等于负载消耗的电能。

图 1.2.8　【例 1.2.1】电路图

电能的定义:在一段时间内,电场力或电源力所做的功(简称"电功")。

电功率(简称"功率")的定义:在单位时间内,电场力或电源力所做的功,反映着电能转换的快慢。

电能和电功率是两个不同的概念,两者既有联系又有区别。电能是指一段时间内电流所做的功,或者一段时间内负载消耗的能量;电功率是指单位时间内电流所做的功,或者单位时间内负载消耗的电能。电功率用瓦特表测量,电能用瓦时表(也称电能表)来计量。电能和电功率常用的单位分别是千瓦时(kW·h)和瓦(W)。

瞬时功率表达式为

$$p(t) = \frac{\mathrm{d}w}{\mathrm{d}t} \tag{1.2.3}$$

由于 $u(t) = \dfrac{\mathrm{d}w}{\mathrm{d}q}$，$i(t) = \dfrac{\mathrm{d}q}{\mathrm{d}t}$，故

$$p(t) = u(t)i(t) \tag{1.2.4}$$

直流电路的电功率：

$$P = UI \tag{1.2.5}$$

电功率的单位是瓦特（W），其他常用的单位还有毫瓦（mW）、千瓦（kW）和兆瓦（MW），$1\ \mathrm{mW} = 10^{-3}\ \mathrm{W}$，$1\ \mathrm{kW} = 10^{3}\ \mathrm{W}$，$1\ \mathrm{MV} = 10^{6}\ \mathrm{W}$。

在计算电功率 P 时，当电压与电流的方向分别为关联参考方向与非关联参考方向时，若计算出的电功率 $P > 0$，表明电路吸收功率；若 $P < 0$，表明电路发出功率。对于整个电路而言，由于能量守恒，通常吸收电功率等于发出电功率。

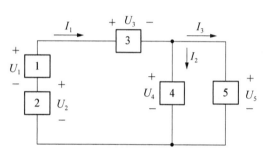

图 1.2.9 【例 1.2.2】电路图

【例 1.2.2】 图 1.2.9 所示电路中 $U_1 = 2\ \mathrm{V}$、$U_2 = 3\ \mathrm{V}$、$U_3 = 3\ \mathrm{V}$、$U_4 = U_5 = 2\ \mathrm{V}$、$I_1 = 3\ \mathrm{A}$、$I_2 = 1\ \mathrm{A}$、$I_3 = 2\ \mathrm{A}$，求每个元件的功率，并指出哪些是发出功率，哪些是吸收功率，然后利用 MATLAB/Simulink 仿真验证结果。

解 元件 1：非关联参考方向 $P_1 = -U_1 I_1 = -2 \times 3 = -6\ (\mathrm{W})$ 发出功率（电源）

元件 2：非关联参考方向 $P_2 = -U_2 I_1 = -3 \times 3 = -9\ (\mathrm{W})$ 发出功率（电源）

元件 3：关联参考方向 $P_3 = U_3 I_1 = 3 \times 3 = 9\ (\mathrm{W})$ 吸收功率（负载）

元件 4：关联参考方向 $P_4 = U_4 I_2 = 2 \times 1 = 2\ (\mathrm{W})$ 吸收功率（负载）

元件 5：关联参考方向 $P_5 = U_5 I_3 = 2 \times 2 = 4\ (\mathrm{W})$ 吸收功率（负载）

根据图 1.2.9 建立 Simulink 仿真模型，仿真验证结果如图 1.2.10 所示。

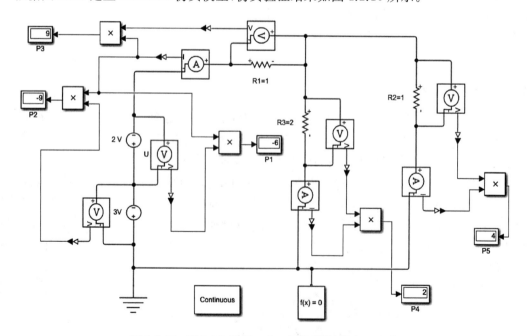

图 1.2.10 图 1.2.9 的 Simulink 电路仿真（程序 tu129）

图 1.2.10 中 Simulink 的仿真结果可以验证计算所得的各元件的功率正确,并且对于整个电路有 $P_1 + P_2 + P_3 + P_4 + P_5 = 0$,电源发出功率等于负载吸收功率。

1.3　基尔霍夫定律

基尔霍夫定律包括基尔霍夫电流定律(Kirchhoff's Current Law,简称"KCL")和基尔霍夫电压定律(Kirchhoff's Voltage Law,简称"KVL"),它是由德国科学家基尔霍夫(1824—1887 年)在 1845 年论证的。基尔霍夫电流定律描述的是各支路电流之间的关系,基尔霍夫电压定律描述的是回路中各段电压之间的关系。

在学习基尔霍夫定律之前,需要了解以下几种常用的电路概念。

支路:在电路中,我们把每个二端元件视为一个支路,把流过支路的电流称为支路电流,如图 1.3.1 中 I_1、I_2、I_3。实际分析电路时,把流过同一电流的串联支路看作一个支路。

节点:三条或三条以上支路的连接点称为节点,如图 1.3.1 中 a、b。

回路:支路围成的闭合路径称为回路,如图 1.3.1 中虚线所围 1、2、3。

网孔:对于不含其他支路的回路称为网孔,如图 1.3.1 中虚线所围 1、2。

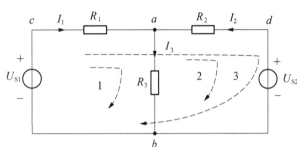

图 1.3.1　电路图

1.3.1　基尔霍夫电流定律(KCL)

基尔霍夫电流定律:在任一时刻,由于电荷守恒,流入的电流等于流出的电流,也就是任一节点上电流的代数和等于 0,即

$$\sum I_{\text{in}} = \sum I_{\text{out}} \tag{1.3.1}$$

图 1.3.1 中,流入节点 a 的电流为 I_1、I_2,流出节点 a 的电流为 I_3,则 $I_1 + I_2 = I_3$。

【例 1.3.1】　在图 1.3.2 所示电路中,$R_1 = 3.5\ \Omega$,流过 R_1 的电流为 I_1;$R_2 = 2\ \Omega$,流过 R_2 的电流为 I_2;$R_3 = 6\ \Omega$,流过 R_3 的电流为 I_3;电源 $U_1 = 15\ \text{V}$。试根据基尔霍夫电流定律计算电流 I_1、I_2、I_3,并在 MATLAB/Simulink 中建立仿真模型验证 KCL。

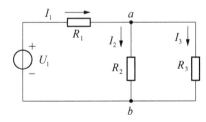

图 1.3.2　【例 1.3.1】电路图

解　$R_2 /\!/ R_3 = 1.5(\Omega)$　$I_1 = \dfrac{U_1}{R_1 + R_2 /\!/ R_3} = 3(\text{A})$

$$I_2 = \frac{U_1 - I_1 R_1}{R_2} = 2.25(\text{A}) \quad I_3 = I_1 - I_2 = 0.75(\text{A})$$

根据图 1.3.2 建立 Simulink 仿真模型,如图 1.3.3 所示。

图 1.3.3 中 Simulink 仿真图中的电压、电流测量元件及显示仪表,可直接读出各支路的电流 $I_1 = 3\ \text{A}$、$I_2 = 2.25\ \text{A}$、$I_3 = 0.75\ \text{A}$,仿真结果与计算结果一致,其中对于节点 a 来说,流入节点的电流为 I_1,流出节点的电流为 I_2、I_3,$I_1 = I_2 + I_3$,流入的电流等于流出的电流,符合基尔霍夫电流定律。

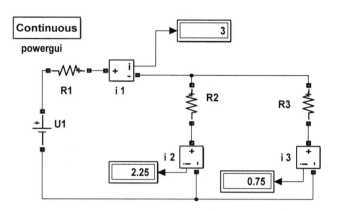

图 1.3.3　图 1.3.2 的 Simulink 电路仿真(程序 li1)

1.3.2　基尔霍夫电压定律(KVL)

基尔霍夫电压定律:在任一时刻,由于能量守恒,在任一回路,沿任一方向(顺时针或逆时针)绕行一周,这一回路中,所有支路电压的代数和为 0,即

$$\sum U = 0 \tag{1.3.2}$$

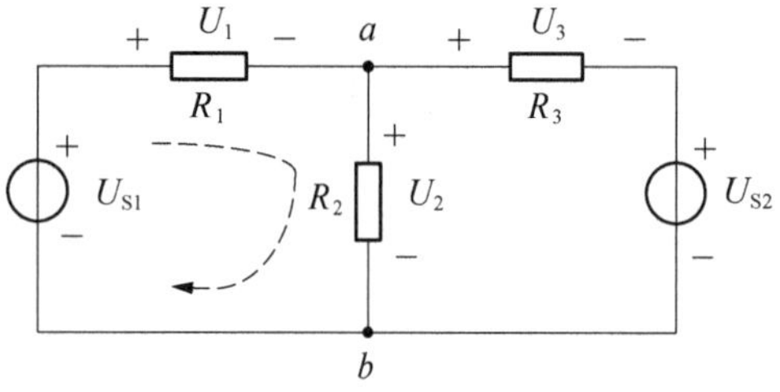

图 1.3.4 中,在虚线回路上,沿着顺时针绕行方向,$U_1 + U_2 - U_{S1} = 0$。

【例 1.3.2】　在图 1.3.4 所示电路中,电源 $U_{S1} = 24\ \text{V}$、$U_{S2} = 20\ \text{V}$,电阻 $R_1 = 3\ \Omega$、R_1 两端的电压为 U_1,$R_2 = 2\ \Omega$、R_2 两端的电压为 U_2,$R_3 = 4\ \Omega$、R_3 两端的电压为 U_3,试根据基尔霍夫电压定律计算电压 U_1、U_2、U_3,并在 MATLAB/Simulink 中建立仿真模型验证 KVL。

图 1.3.4　电路图

解　流过电阻 R_1 的电流 $I_1 = \dfrac{U_1}{3}\ \text{A}$,流过电阻 R_2 的电流 $I_2 = \dfrac{U_2}{2}\ \text{A}$,流过电阻 R_3 的电流 $I_3 = \dfrac{U_3}{4}\ \text{A}$,根据节点 a 的基尔霍夫电流定律与电路中两网孔的基尔霍夫电压定律,可得到如下方程组:

$$\begin{cases} \dfrac{U_1}{3} - \dfrac{U_2}{2} - \dfrac{U_3}{4} = 0 \\ -24 + U_1 + U_2 = 0 \\ -U_2 + U_3 + 20 = 0 \end{cases} \quad 解得: \begin{cases} U_1 = 12\ (\text{V}) \\ U_2 = 12\ (\text{V}) \\ U_3 = -8\ (\text{V}) \end{cases}$$

根据图 1.3.4 建立 Simulink 仿真模型,如图 1.3.5 所示。

图 1.3.5 中 Simulink 的仿真结果,$U_1 = 12\ \text{V}$、$U_2 = 12\ \text{V}$、$U_3 = -8\ \text{V}$,仿真结果与计算结果一致,且在两个网孔中,$-24 + U_1 + U_2 = 0$、$-U_2 + U_3 + 20 = 0$,符合基尔霍夫电压定律。

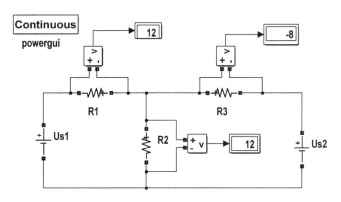

图 1.3.5　图 1.3.4 的 Simulink 电路仿真(程序 li2)

1.4　欧姆定律

电阻对电流起到阻碍作用。其电路模型可以用理想电阻元件来模拟。电阻元件简称为电阻,用符号 R 表示。电阻的单位是欧姆(Ω),其他常用的单位还有千欧($k\Omega$)、兆欧($M\Omega$)等,$1\ k\Omega = 10^3\ \Omega$,$1\ M\Omega = 10^3\ k\Omega = 10^6\ \Omega$。

电阻是最常见的电路元件。电阻按阻值类型可分为固定式和可调式两种。固定式电阻(图1.4.1)的电阻值是一个常数,固定式电阻的图形符号如图 1.4.2 所示。可调式电阻器常称为电位器,它的电阻值可以改变,如图 1.4.3 所示,可调式电阻的图形符号如图 1.4.4 所示。

电阻的主要作用:可以通过串联分压实现电压调整;可以通过并联分流或串联限流实现电流调整;可以作为电路负载或替代负载、等效负载实现对电能的消耗。

电阻参数主要包括以下几项:

标称电阻:电阻上标出的名义阻值。

允许偏差:实际阻值与标称阻值的偏差,表征电阻值的精度。

额定功率:电阻可以耗散的最大功率。

电阻的倒数($1/R$)称为电导,也是表征材料导电能力的一个参数,用符号 G 表示。电导大的电阻导电性能好。电导的单位为西门子(S)。

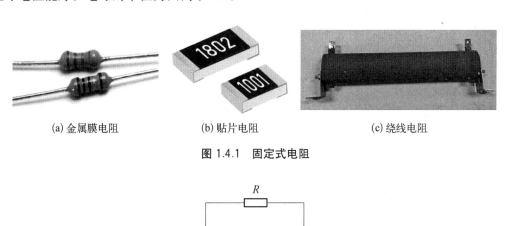

(a) 金属膜电阻　　　　　(b) 贴片电阻　　　　　(c) 绕线电阻

图 1.4.1　固定式电阻

$$R$$

图 1.4.2　固定式电阻图形符号

图 1.4.3　可调式电阻

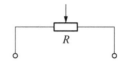

图 1.4.4　可调式电阻图形符号

欧姆定律就是对电阻元件伏安特性的描述。伏安特性指的是元件两端的电压与流过元件电流的关系。通常流过电阻的电流与电阻两端的电压成正比,即当电阻两端电压与电流为关联参考方向时,欧姆定律为

$$u = Ri \tag{1.4.1}$$

当电阻两端电压与电流为非关联参考方向时,欧姆定律为

$$u = -Ri \tag{1.4.2}$$

电路中,如果把元件两端的电压与流过元件的电流绘制在 u-i 平面上,得到的就是元件的伏安特性曲线。电阻的伏安特性曲线是一条过原点的直线,我们称具有这样伏安特性曲线的电阻为线性电阻,其斜率为 $1/R$,如图 1.4.5 所示。如果电阻两端的电压 U 或流过电阻的电流 I 改变时,电阻的阻值也随之改变,这样的电阻称为非线性电阻,其伏安特性曲线不再是过原点的直线,如二极管,其伏安特性曲线如图 1.4.6 所示。

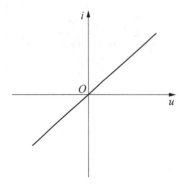
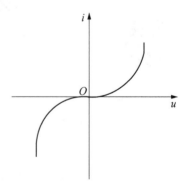

图 1.4.5　线性电阻伏安特性曲线　　　　图 1.4.6　二极管伏安特性曲线

电阻的欧姆定律的 Simulink 仿真模型如图 1.4.7(a)所示,电阻元件的伏安特性曲线如图 1.4.7(b)所示。

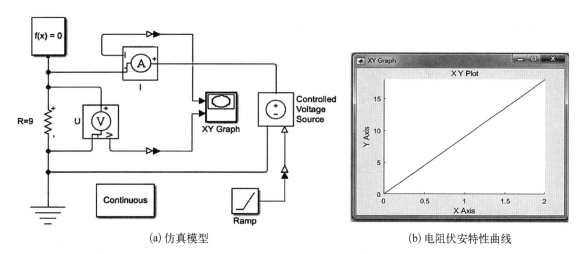

| (a) 仿真模型 | (b) 电阻伏安特性曲线 |

图 1.4.7 欧姆定律 Simulink 电路仿真(程序 tu145)

图 1.4.7(a)所示的 Simulink 仿真中,可控电压源电压线性逐渐上升,电流也线性上升;图 1.4.7(b)示波器中,x 轴为电流,y 轴为电压。

当 U、I 是关联参考方向时,由功率公式和欧姆定律可得电阻功率计算公式:

$$p = ui = Ri^2 = \frac{u^2}{R} = Gu^2 \tag{1.4.3}$$

由此可见,不管 U、I 参考方向是否相同,电阻元件的功率始终是正值($p \geqslant 0$),因此电阻元件是耗能元件,始终是负载。

1.5 电阻的串联与并联

1.5.1 等效概念

在日常分析问题时,经常会听到等效两个字,等效法是常用的科学思维方法。所谓"等效法"就是在特定的某种意义上,在保证效果相同的前提下,将陌生的、复杂的、难处理的问题转换成熟悉的、容易的、易处理的一种方法。思维的实质是在效果相同的情况下,将较为复杂的实际问题变换为简单的熟悉问题,以便突出主要因素,抓住它的本质,找出其中规律。因此,应用等效法时,往往是用较简单的因素代替较复杂的因素,以使问题得到简化而便于求解。那么在电路分析中等效法是怎样应用的呢?

如果某网络只有一个端口与电路的其他部分相连接,称此网络为单口网络。如图 1.5.1 所示,将电路沿虚线部分一分为二,得到图 1.5.2。图 1.5.2 中网络 N_1 与 N_2 都是单口网络,对于 N_1 网络来说,N_2 是外电路;而对于 N_2 网络来说,N_1 是外电路。

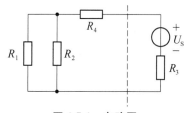

图 1.5.1 电路图

单口网络在端口上的电压 u 和电流 i 的关系，是单口网络的伏安特性，由其自身决定，与外接电路无关。如果两个单口网络的伏安特性完全相同，则称这两个单口网络是等效的。等效是指对外电路等效，内部结构不一定一样。如图 1.5.3 所示，N_1 与 N_2 是结构完全不同的两个单口网络，但如果 $U_1 = U_2$、$I_1 = I_2$，则 N_1 与 N_2 为等效网络。

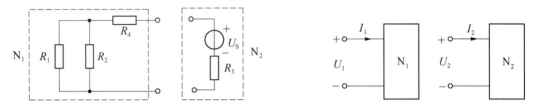

图 1.5.2　拆分成的两个单口网络　　　　　图 1.5.3　两个等效单口网络

1.5.2　电阻的串联

几个电阻元件沿着单一路径互相连接，每个节点最多只连接两个元件，此种连接方式连接的电阻称为串联电阻。串联电阻首尾相连并流过同一电流，如图 1.5.4(a) 中 R_1 与 R_2，其伏安特性为

$$U_a = U_1 + U_2 = R_1 I_a + R_2 I_a = (R_1 + R_2) I_a \tag{1.5.1}$$

图 1.5.4(b) 中，电路伏安特性为

$$U_b = R I_b \tag{1.5.2}$$

若图 1.5.4(a) 与图 1.5.4(b) 中，$U_a = U_b = U$、$I_a = I_b = I$，则两个网络为等效网络，$R_1 + R_2 = R$，即串联时两电阻阻值之和为其等效电阻值。

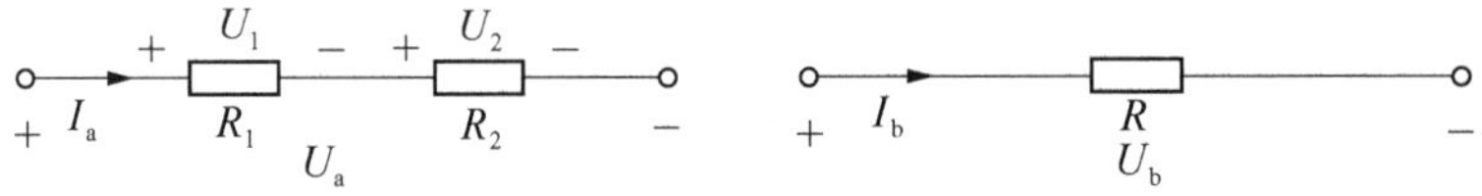

(a) 两个电阻串联　　　　　　　　(b) 等效电阻

图 1.5.4　电阻串联

图 1.5.4(a) 中，两个串联电阻两端的电压为

$$\begin{cases} U_1 = \dfrac{R_1}{R_1 + R_2} U_a = \dfrac{R_1}{R} U_a \\ U_2 = \dfrac{R_2}{R_1 + R_2} U_a = \dfrac{R_2}{R} U_a \end{cases} \tag{1.5.3}$$

式 (1.5.3) 即为电阻串联时的分压公式。串联电路中，各电阻电压之和等于支路电压，且各电阻电压与其电阻值成正比。

【例 1.5.1】　图 1.5.5(a) 为 $18\,\Omega$ 与 $9\,\Omega$ 两个电阻串联电路，图 1.5.5(b) 为 $27\,\Omega$ 等效电阻电路，用 MATLAB/Simulink 仿真两个电路，验证等效电阻为串联电阻之和与分压公式。

解　根据图 1.5.5 建立 Simulink 仿真模型，如图 1.5.6 所示。

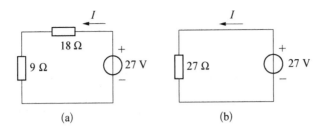

图 1.5.5 【例 1.5.1】电路图

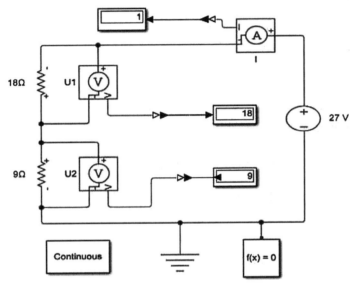

(a) 图1.5.5 (a) 的Simulink电路仿真 (程序tu154a)

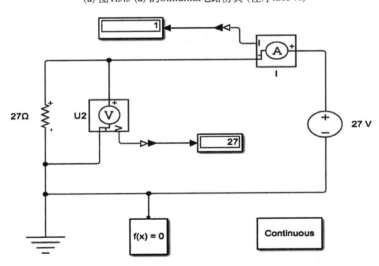

(b) 图1.5.5 (b) 的Simulink电路仿真 (程序tu154b)

图 1.5.6 【例 1.5.1】Simulink 电路仿真

  由图 1.5.6 所示的电阻串联 Simulink 仿真中可看出,网络端口电压都为 27 V,电流都为 1 A,所以图 1.5.6(a)与图 1.5.6(b)等效,且串联电阻 18 Ω+9 Ω= 27 Ω,即等效电阻为串联电阻之和。

根据分压公式得：

$$U_1 = \frac{18}{18+9} \times 27 = 18(\text{V}); \quad U_2 = \frac{9}{18+9} \times 27 = 9(\text{V})$$

图 1.5.6(a)仿真模型中，测得 18 Ω 与 9 Ω 电阻两端的电压分别为 18 V 和 9 V，满足电阻分压公式。

电阻串联这种形式常被用来防止负载电流过大，常将负载与一个限流电阻相串联，保护负载。

对于电阻串联，知识点可总结如下：

（1）n 个电阻串联时，其伏安特性为

$$U = U_1 + U_2 + \cdots + U_n = R_1 I + R_2 I + \cdots + R_n I = (R_1 + R_2 + \cdots + R_n)I = RI$$

$$(1.5.4)$$

（2）n 个电阻串联时，其等效电阻为

$$R = R_1 + R_2 + \cdots + R_n = \sum_{i=1}^{n} R_i \tag{1.5.5}$$

第 k 个串联电阻两端的电压 U_k 为

$$U_k = \frac{R_k}{\sum_{i=1}^{n} R_i} U = \frac{R_k}{R} U \tag{1.5.6}$$

1.5.3 电阻的并联

电路中有两个或两个以上电阻连接在两个公共节点之间，并且电压相同，则称这些电阻为并联电阻，如图 1.5.7(a)所示。

并联电路的特点：并联的各支路电压相等，干路电流等于各支路电流之和。

图 1.5.7(a)中，电阻并联伏安特性为

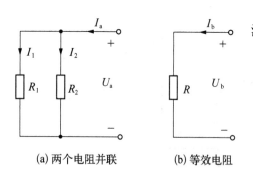

(a) 两个电阻并联　　(b) 等效电阻

图 1.5.7　电阻并联

$$I_{\text{a}} = I_1 + I_2 = \frac{U_{\text{a}}}{R_1} + \frac{U_{\text{a}}}{R_2} = \left(\frac{1}{R_1} + \frac{1}{R_2}\right)U_{\text{a}}$$

$$(1.5.7)$$

图 1.5.7(b)中，伏安特性为

$$I_{\text{b}} = \frac{1}{R} U_{\text{b}} \tag{1.5.8}$$

若图 1.5.7(a)与图 1.5.7(b)中，$U_{\text{a}} = U_{\text{b}} = U$、$I_{\text{a}} = I_{\text{b}} = I$，则两个网络为等效网络，$\dfrac{1}{R_1} + \dfrac{1}{R_2} = \dfrac{1}{R}$，即并联时两电阻阻值倒数之和等于等效电阻值的倒数。

图 1.5.7(a)中,两个并联电阻上的电流为

$$\begin{cases} I_1 = \dfrac{R_2}{R_1 + R_2} I_a \\[3mm] I_2 = \dfrac{R_1}{R_1 + R_2} I_a \end{cases} \tag{1.5.9}$$

式(1.5.9)为电阻并联时的分流公式。并联电路中,网络端口总电流和等于各支路电流和,且电阻电流与其电阻值成反比。

电阻并联时用电导计算比较方便,用电导表示两个电阻并联时的等效电导:

$$G = G_1 + G_2 \tag{1.5.10}$$

用电导表示两个电阻并联时的分流公式:

$$\begin{cases} I_1 = \dfrac{G_1}{G_1 + G_2} I_a \\[3mm] I_2 = \dfrac{G_2}{G_1 + G_2} I_a \end{cases} \tag{1.5.11}$$

n 个电阻并联时,利用电导描述其伏安特性为

$$I = I_1 + I_2 + \cdots + I_n = G_1 U + G_2 U + \cdots + G_n U = (G_1 + G_2 + \cdots + G_n)U = GU$$

等效电导为

$$G = \sum_{i=1}^{n} G_i \tag{1.5.12}$$

第 k 个电阻上的电流为

$$I_k = \dfrac{G_k}{\displaystyle\sum_{i=1}^{n} G_i} I = \dfrac{G_k}{G} I \tag{1.5.13}$$

【例 1.5.2】　电路如图 1.5.8 所示,求 ab 端等效电阻,用 MATLAB/Simulink 仿真验证。

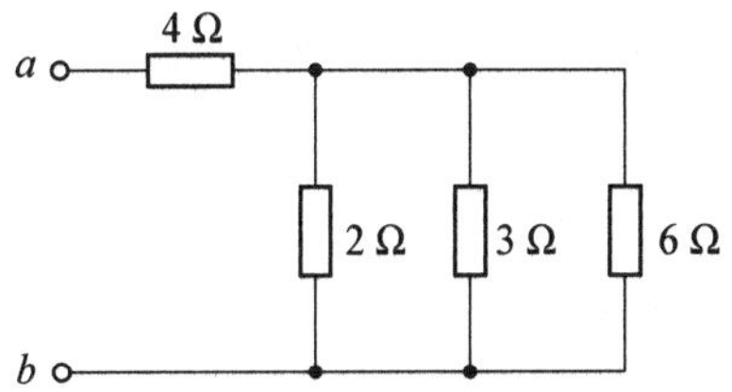

解　3 Ω 与 6 Ω 并联电阻 $R_1 = \dfrac{3 \times 6}{3 + 6} = 2(\Omega)$;

R_1 与 2 Ω 并联电阻 $R_2 = \dfrac{2 \times 2}{2 + 2} = 1(\Omega)$;

故 $R_{ab} = 4 + R_2 = 4 + 1 = 5(\Omega)$。

图 1.5.8　【例 1.5.2】电路图

例 1.5.2 的 Simulink 仿真电路如图 1.5.9(a)所示,其等效电阻仿真电路如图 1.5.9(b)所示。从这两个仿真电路我们可以看出,两个电路端口 a、b 处电压都是电压源电压 15 V,测得电流也都是 −3 A,所以图 1.5.9(a)和图 1.5.9(b)两电路等效,等效电阻为 5 Ω。

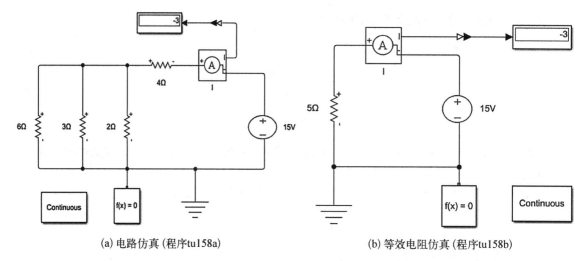

(a) 电路仿真 (程序tu158a)　　　　　　　　　(b) 等效电阻仿真 (程序tu158b)

图 1.5.9　图 1.5.8 的 Simulink 电路仿真

1.6　电源

通常把能向电路提供电能的元件称为电源,也叫有源电路元件。有源电路元件分为独立电源和受控电源两大类。独立电源能独立地向外电路提供电能而不受其他支路电压或电流的影响,而受控电源向外电路提供的电能是受其他支路的电压或电流控制。

1.6.1　独立电源

独立电源根据其发出电能形式的不同可以分为电压源与电流源,电压源发出电压形式的电能,电流源发出电流形式的电能。分析电路时,电压源与电流源都是从实际电源元件中抽象出来的理想元件。

1. 电压源

实际电源,例如干电池、蓄电池和发电机都能产生电能,但在能量转换过程中有一定的功率损耗,通常用内电阻 R_S 来表征这一损耗,并称 R_S 为电压源内阻,如图 1.6.1(a) 所示。实际电压源内阻 $R_S = 0$ 时,得到理想电压源。

理想电压源的特点：能够向负载提供稳定没有损耗的电压为理想电压源,它所提供的电压与外接电路无关,为恒压输出,所以理想电压源也称恒压源,如图 1.6.1(b) 所示。理想电压源提供的电压不随负载电压变化,而电流由外电路确定。

图 1.6.1(a) 中,实际电压源可以看作由理想电压源与内电阻串联而成,输出电流为 I,端电压为 U,根据 KVL 可列出：

$$U = U_S - IR_S \tag{1.6.1}$$

图 1.6.1(b) 中,由于理想电压源的内阻 $R_S = 0$,其端电压为

$$U = U_S \tag{1.6.2}$$

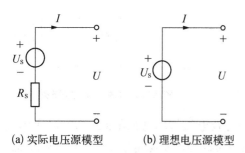

(a) 实际电压源模型　　(b) 理想电压源模型

图 1.6.1　电压源

式(1.6.1)、式(1.6.2)反映了电压源输出电流与端电压之间的关系,称为电压源的伏安特性。由此可作出电压源的伏安特性曲线,如图1.6.2所示。由图可以看出,实际电压源的伏安特性曲线为一条与U、I坐标轴相交的斜线。当$R_S \to \infty$,即当电源开路时,$I=0$,电源端电压就是开路电压U_{OC};随着I的增大,R_S上的压降增大,U随之下降的值也增大,当U下降到0时,就是斜线与I轴的交点,此点电流为短路电流I_{SC}。若R_S越大,在同样的I值的情况下,U值下降越大,则直线的倾斜程度越大,这种电源的伏安特性就越差。理想电压源的伏安特性曲线为一条水平直线,

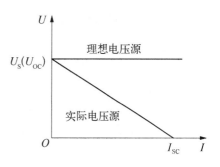

图1.6.2 电压源伏安特性

它的端电压U是恒定值,与流过它的电流无关,输出电流I的大小由连接它的外部电路决定。

实际电压源开路电压$U_{OC}=U_S$;短路电流$I_{SC}=\dfrac{U_S}{R_S}$。

2. 电流源

实际电流源可以看成由一恒定电流为I_S的理想电流源与一个内电阻R_S并联组合,这就是实际电源的另一种电路模型,简称为电流源,其中I_S是实际电流源的短路电流,如图1.6.3(a)所示。当实际电流源模型中的内阻$R_S \to \infty$时,得到理想电流源。

理想电流源的特点:能够向负载提供稳定电流,它所提供的电流与外接电路无关,即为恒流。因此,理想电流源也称恒流源,如图1.6.3(b)所示。理想电流源提供的电流不随负载电压变化,而电压由外电路确定。

图1.6.3(a)中,实际电流源输出电流为I,端电压为U,根据KCL可列出:

$$I = I_S - \frac{U}{R_S} \tag{1.6.3}$$

图1.6.3(b)中,由于理想电流源的内阻$R_S = \infty$,其端电流为

$$I = I_S \tag{1.6.4}$$

电流源输出电流与端电压之间的关系,称为电流源的伏安特性,其伏安特性曲线如图1.6.4所示。

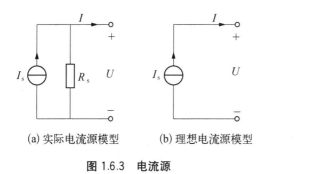

(a) 实际电流源模型   (b) 理想电流源模型

图1.6.3 电流源

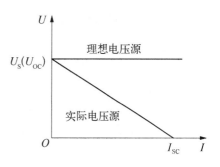

图1.6.4 电流源伏安特性

由图1.6.4可以看出,实际电流源的伏安特性曲线为一条与U、I坐标轴相交的斜线,斜线与U轴的交点是实际电流源开路电压U_{OC},斜线与I轴的交点是实际电流源短路电流I_{SC}。内阻R_S越大,输出电流就越接近恒流源I_S,当$R_S \to \infty$,即当电源开路时,实际电流源就是理想电流

源;内阻无穷大的理想电流源实际上也是不存在的,当电源内阻比负载电阻大得多的时候可以看成理想电流源。

实际电流源开路电压 $U_{OC}=R_SI_S$;短路电流 $I_{SC}=I_S$。

【例 1.6.1】 在图 1.6.5 所示的电路中,回答下列问题:

(1)负载电阻 R_L 中的电流 I 及其两端的电压 U 各为多少? 如果在图中断开与理想电压源并联的两个理想电流源,对计算结果有无影响? 为什么?

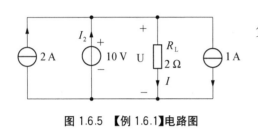

图 1.6.5 **【例 1.6.1】电路图**

(2)求每个元件的功率,判断哪个是电源,哪个是负载,求出 I_2。

(3)用 MATLAB/Simulink 验证计算结果。

解 (1)参考方向如图 1.6.5 所示,

$$I=\frac{U}{R_L}=\frac{10}{2}=5(A) \quad U=10(V)$$

图 1.6.5 中断开与理想电压源并联的两个理想电流源,对计算结果没有影响,因为 R_L 上的电压不变。

(2)根据参考方向方法判断是电源还是负载

2 A 理想电流源功率:$P_1=-2\times10=-20(W)$(电源)

1 A 理想电流源功率:$P_2=1\times10=10(W)$(负载)

R_L 电阻的功率:$P_3=IU=5\times10=50(W)$(负载)

因为电路的功率必须平衡,即 $P_1+P_2+P_3+P_4=0$,所以理想电压源功率:$P_4=-40(W)$(电源),$I_2=-\dfrac{P_4}{U}=4(A)$

(3)Simulink 仿真模型如图 1.6.6 与图 1.6.7 所示。

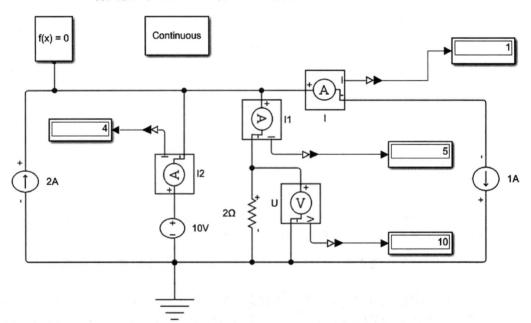

图 1.6.6 **原电路 Simulink 电路仿真(程序 tu165)**

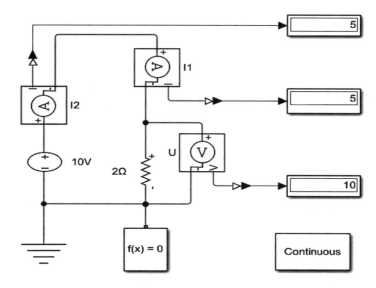

图 1.6.7　断开理想电流源的 Simulink 电路仿真(程序 tu165a)

图 1.6.6 是图 1.6.5 的 Simulink 电路仿真模型,从仿真结果可以看出 I、U、I_2 计算结果正确;图 1.6.7 是断开与理想电压源并联的两个理想电流源的 Simulink 仿真模型,从仿真结果可以看出,断开电流源,对电阻上电流与电压计算结果无影响。

1.6.2　电源的等效变换

1. 电压源模型与电流源模型

电源分为电压源与电流源,实际电压源为理想电压源与电阻串联,实际电流源为理想电流源与电阻并联。当这两电源在相同的负载上能产生相同的电压和电流时,则这两电源可等效变换,如图 1.6.8 所示。但是要注意的是,实际电源两种模型的等效变换只对电源外的负载 R_L 等效,而对电源内部(指仅含 U_S、R_S 或 I_S、R_S 的这部分电路)无效。

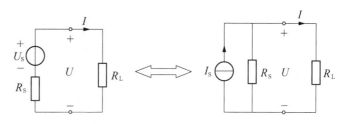

图 1.6.8　电压源与电流源等效变换电路

图 1.6.8 中电压源 U_S 与电流源 I_S 的关系:$U_S = I_S R_S$。

【例 1.6.2】　求图 1.6.9 中两个电路的等效电路,并用 MATLAB/Simulink 验证结果。

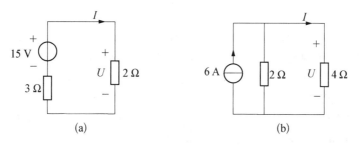

图 1.6.9　【例 1.6.2】电路图

解 经等效变换得电路(a)的等效电路(图 1.6.10):

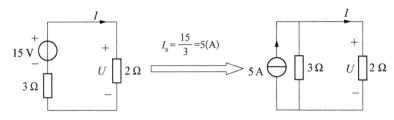

图 1.6.10 电路(a)的等效变换

经等效变换得电路(b)的等效电路(图 1.6.11):

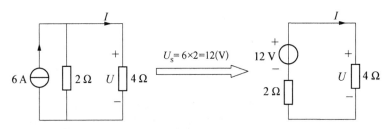

图 1.6.11 电路(b)的等效变换

图 1.6.10 及图 1.6.11 的 Simulink 仿真电路如图 1.6.12 和图 1.6.13 所示。根据图 1.6.12 的仿真结果可以看出,15 V 电压源与 3 Ω 电阻串联,在 2 Ω 负载上产生 6 V 电压与 3 A 电流;5 A 电流源与 3 Ω 电阻并联,在 2 Ω 负载上同样产生 6 V 电压与 3 A 电流。因此,对于 2 Ω 负载而言,电压源与电流源是等效的,验证了两电源可等效变换。

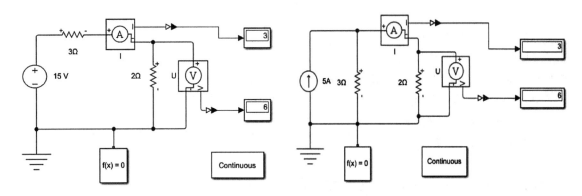

图 1.6.12 图 1.6.10 的 Simulink 电路仿真(程序 li3a、li3a1)

根据图 1.6.13 的仿真结果可以看出,6 A 电流源与 2 Ω 电阻并联,在 4 Ω 负载上产生 8 V 电压与 2 A 电流;12 V 电压源与 2 Ω 电阻串联,在 4 Ω 负载上同样产生 8 V 电压与 2 A 电流。因此,对于 4 Ω 负载而言,电压源与电流源是等效的,验证了两电源可等效变换。

2. 理想电压源串联等效

多个电压源串联可以等效为一个电压源,等效的电压源电压就是串联电压源电压之和。理论上说并不要求串联的电压源必须方向一致,但实际应用中应尽量保证方向一致进行串联。

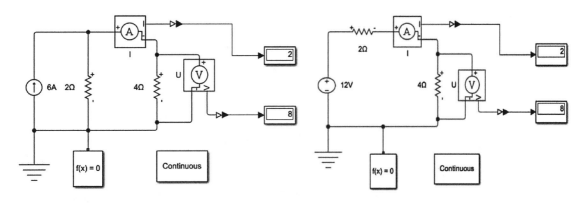

图 1.6.13　图 1.6.11 的 Simulink 电路仿真(程序 li3b、li3b1)

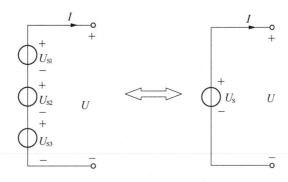

图 1.6.14　理想电压源的串联等效电路

图 1.6.14 中等效电压源的计算公式如下:

$$U_{S1} + U_{S2} + U_{S3} = U_S \tag{1.6.5}$$

3. 理想电流源并联等效

多个电流源并联可以等效为一个电流源,等效的电流源电流就是并联电流源电流之和。理论上说并不要求并联的电流源必须方向一致,但实际应用中应尽量保证方向一致进行并联。

图 1.6.15 等效电流源计算如下:

$$I_{S1} + I_{S2} + I_{S3} = I_S \tag{1.6.6}$$

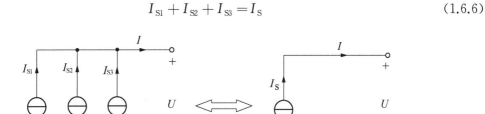

图 1.6.15　理想电流源并联等效电路

4. 电压源与元件并联

电压源与元件并联,并联的元件可以去掉,如图 1.6.16 所示。并联的元件如果也是电压源,则要求两个电压源的极性和大小相同,否则禁止将两个电压源并联在一起。

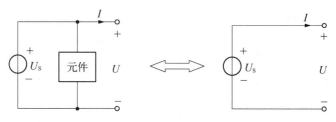

图 1.6.16　电压源与元件并联

5. 电流源与元件串联

电流源与元件串联,串联的元件可以去掉,如图 1.6.17 所示。串联的元件如果也是电流源,则要求两个电流源的方向和大小相同,否则禁止将两个电流源串联在一起。

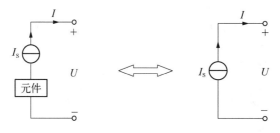

图 1.6.17　电流源与元件串联

【例 1.6.3】　将图 1.6.18(a)所示电路简化为最简电路形式,用 MATLAB/Simulink 验证最简电路与原电路是否等效。

解　通常最简电路形式是指由一个电压源串联一个电阻或是一个电流源并联一个电阻所组成的电路,也可以是一个单独的电路元件。根据电源的等效变换,可依次由图 1.6.18(a)推导至(b)(c)(d)再至最简形式 (e) 和 (f),其中 (e) 和 (f) 是等效电路。

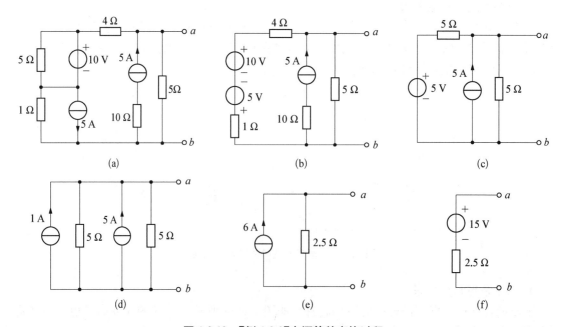

图 1.6.18　【例 1.6.3】电源等效变换过程

Simulink 仿真电路如图 1.6.19 和图 1.6.20 所示。

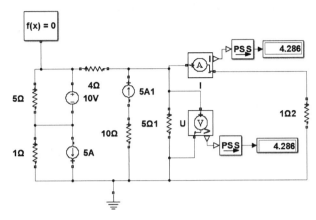

图 1.6.19　图 1.6.18(a)的 Simulink 电路仿真(程序 tu1618a)

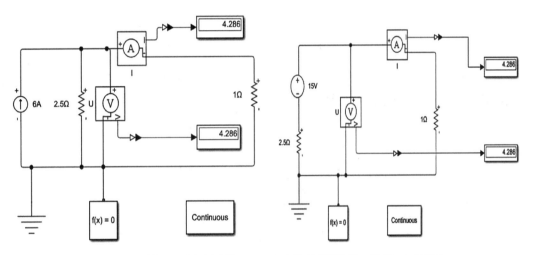

图 1.6.20　图 1.6.18(e)(f)的 Simulink 电路仿真(程序 tu1618e、tu1618f)

根据 Simulink 电路仿真图 1.6.19、图 1.6.20 可以看出,原电路模型与最简电路模型的三个仿真电路的端电压都为 4.286 V,端电流也都为 4.286 A,则原电路与最简电路为等效电路。

1.7　支路电流分析法

电路的形式多种多样,分析电路的方法也不尽相同。根据不同的电路,采用不同的分析方法是解决问题最简捷的手段。

支路电流分析法,是一种应用基尔霍夫定律求解各个支路电流的方法。假设一个电路有 n 个节点、b 条支路,需要求出 b 个支路电流。在数学中,求解 b 个未知量就需要列写出 b 个独立方程,联立 b 个方程求解 b 个未知量。具体过程如下:

(1) 在标出每条支路电流及参考方向的前提下,对 $n-1$ 个独立节点列写 KCL;

(2) 在选定独立回路与绕行方向的前提下,选取 $b-(n-1)$ 个独立回路列写 KVL;

(3) 联立所有的 KVL 与 KCL,求出各个支路电流;

(4) 根据求解出的支路电流求出电路响应。

【例 1.7.1】 如图 1.7.1 所示电路,电源 $U_{S1}=24$ V、$U_{S2}=20$ V,电阻 $R_1=3$ Ω、$R_2=2$ Ω、$R_3=4$ Ω,流过 R_1 的电流为 I_1,流过 R_2 的电流为 I_2,流过 R_3 的电流为 I_3,计算各支路电流 I_1、I_2、I_3,并在 MATLAB/Simulink 中建立仿真模型验证各支路电流。

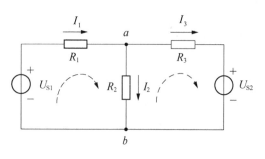

图 1.7.1 【例 1.7.1】电路图

解 根据 KCL 支路电流的求解过程,电路图中共有 2 个节点,可列写出 $2-1=1$ 个独立节点方程。以节点 a 为独立节点,可列写出:$I_1-I_2-I_3=0$。

电路图中有 3 条支路,根据 KVL 可列写 $3-(2-1)=2$ 个独立回路方程。选取两网孔作为独立回路,绕行方向为顺时针方向,可列写出:$-U_{S1}+I_1R_1+I_2R_2=0$,$U_{S2}-I_2R_2+I_3R_3=0$。

联立三个方程:

$$\begin{cases} I_1-I_2-I_3=0 \\ -U_{S1}+I_1R_1+I_2R_2=0 \\ U_{S2}-I_2R_2+I_3R_3=0 \end{cases} \quad 解得: \begin{cases} I_1=4(\text{A}) \\ I_2=6(\text{A}) \\ I_3=-2(\text{A}) \end{cases}$$

根据图 1.7.1 建立 Simulink 仿真电路,如图 1.7.2 所示。根据仿真结果中显示仪表的数值,直接读出各支路电流,仿真结果与计算结果相同。

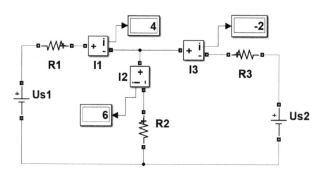

图 1.7.2 图 1.7.1 的 Simulink 电路仿真(程序 li4)

1.8 叠加定理

通常在分析电路时,只包含一个独立源的电路是最易分析出结果的电路,当一个电路包含两个或两个以上独立源的时候,可以把这多个独立源在某一条支路上作用的电压或电流,看作电路中每个独立源单独作用产生的电压或电流的叠加,这就是叠加定理。利用叠加定理可以把包含多个独立源的复杂电路化简为只包含一个独立源的简单电路再进行分析。

叠加定理的应用范围是线性电路,线性电路就是只包含线性元件的电路,即电路中所有的元件都是线性元件。

叠加定理中,当某一独立源单独作用时,其他独立源要置零,独立电压源置零就是将其看作短路,也就是用导线代替独立电压源,独立电流源置零就是将其断路,也就是独立电流源位置变为开路。

【例 1.8.1】　图 1.8.1 所示电路中包含两个独立电源，6 A 的独立电流源和 27 V 的独立电压源，利用叠加定理，求出电阻 9 Ω 上的电压 U 与电阻 18 Ω 上的电流 I，并在 MATLAB/Simulink 中建立仿真模型验证结果。

解　（1）6 A 独立电流源单独作用时，如图 1.8.2(a) 所示，此时 27 V 独立电压源做置零处理，此时 9 Ω 上的电压为 U'，18 Ω 上的电流为 I'，则

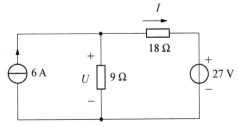

$$U' = \frac{9 \times 18}{9 + 18} \times 6 = 36\,(\text{V}) \quad I' = \frac{9}{9 + 18} \times 6 = 2\,(\text{A})$$

（2）27 V 独立电压源单独作用时，如图 1.8.2(b) 所示，此时 6 A 独立电流源做置零处理，此时 9 Ω 上的电压为 U''，18 Ω 上的电流为 I''，则

图 1.8.1　【例 1.8.1】电路图

$$U'' = \frac{27}{9 + 18} \times 9 = 9\,(\text{V}) \quad I'' = \frac{-27}{9 + 18} = -1\,(\text{A})$$

原电路中，在独立电压源与独立电流源共同作用时有：

$$U = U' + U'' = 45\,(\text{V}) \quad I = I' + I'' = 1\,(\text{A})$$

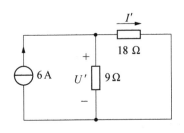

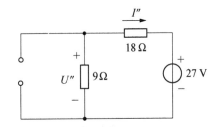

(a) 独立电流源单独作用电路　　　　　(b) 独立电压源单独作用电路

图 1.8.2　图 1.8.1 独立源单独作用下的两个电路图

根据上述电路图建立 Simulink 仿真电路，如图 1.8.3 所示。

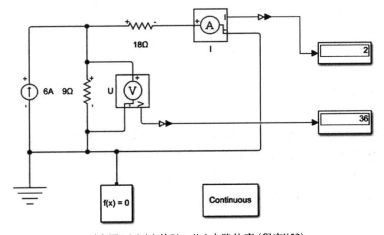

(a) 图 1.8.2 (a) 的 Simulink 电路仿真 (程序 li52)

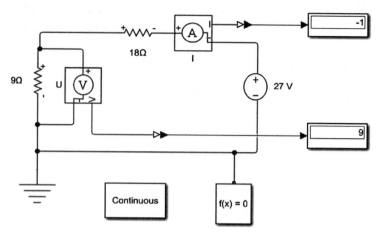

(b) 图1.8.2 (b) 的Simulink电路仿真 (程序li51)

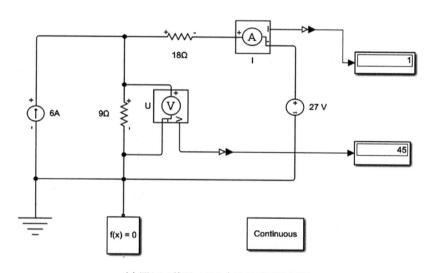

(c) 图1.8.1的Simulink电路仿真 (程序li5)

图 1.8.3 【例 1.8.1】仿真电路模型

图 1.8.3 中分别仿真了独立电流源单独作用的电路图［图 1.8.3（a）］、独立电压源单独作用的电路图［图 1.8.3（b）］、独立源共同作用的电路图［图 1.8.3（c）］，仿真结果验证了计算结果正确，同时也进一步验证了叠加定理。

1.9 等效电源定理

分析电路问题时，当只对某一支路的变量分析时，就可以将其他不关注的部分化难为简进行分析，这里对于含有独立电源的线性单口网络来说，总是可以找到一个等效的电源来代替这个复杂的含有独立电源的线性单口网络，我们把这种方法叫作等效电源定理。根据等效电源的不同，即电压源与电流源的不同，又把这种方法分为戴维南等效定理与诺顿等效定理。

1.9.1 戴维南定理

对于含有独立电源的线性单口网络,总是可以找到一个理想的电压源与一个等效电阻串联来代替这个复杂的含有独立电源的线性单口网络。这种将有源线性单口网络等效为电压源模型的方法,称作戴维南定理。

戴维南定理等效过程:含有独立电源的线性单口网络的开路电压等于理想电压源的电压值;将含有独立电源的线性单口网络中所有的独立电源置零,只剩下纯电阻电路,此时从端口看过去的等效电阻就是戴维南等效电阻。

【例 1.9.1】 如图 1.9.1 所示,用戴维南定理,求出电阻 $5\,\Omega$ 上的电压 U 与电流 I,并在 MATLAB/Simulink 中建立仿真模型验证结果。

解 (1)求开路电压 U_{OC},将 $5\,\Omega$ 电阻断开,如图 1.9.2(a)所示,其中 U_{OC} 可用叠加定理求得。

$$U_{\mathrm{OC}} = \frac{3 \times 6}{3+6} \times 4 + \frac{9}{3+6} \times 6 = 14(\mathrm{V})$$

图 1.9.1 【例 1.9.1】电路图

(2)求等效电阻 R_{O},将原电路中所有电源置零,即电流源断路,电压源短路,如图 1.9.2(b)所示。

$$R_{\mathrm{O}} = \frac{6 \times 3}{6+3} = 2(\Omega)$$

(3)根据已求出的开路电压 U_{OC} 和等效电阻 R_{O},建立戴维南等效电路,如图 1.9.3 所示。

(4)根据戴维南等效电路,求得电阻 $5\,\Omega$ 上的电压 U 与电流 I。

$$U = \frac{14}{2+5} \times 5 = 10(\mathrm{V}) \qquad I = \frac{14}{2+5} = 2(\mathrm{A})$$

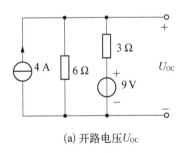

(a) 开路电压 U_{OC}

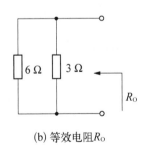

(b) 等效电阻 R_{O}

图 1.9.2 【例 1.9.1】开路电压与等效电阻

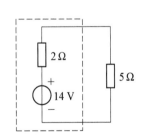

图 1.9.3 【例 1.9.1】戴维南
等效电路

根据例题建立出求开路电压 U_{OC} 的仿真电路,如图 1.9.4(a)所示,仿真结果验证了开路电压计算结果正确。根据图 1.9.3 建立戴维南等效电路仿真模型,如图 1.9.4(b)所示。仿真结果显示电阻 $5\,\Omega$ 上的电压 $U=10\,\mathrm{V}$、电流 $I=2\,\mathrm{A}$,结果正确。根据图 1.9.1 建立原电路仿真模型,如图 1.9.4(c)所示。仿真结果显示原电路中电阻 $5\,\Omega$ 上的电压 U 与电流 I 与戴维南电路一致,验证了戴维南电路与原电路等效。

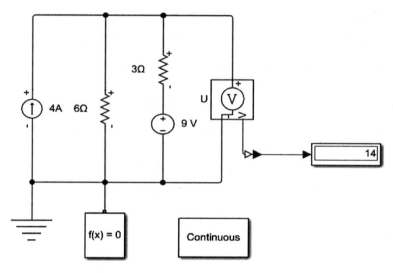

(a) 图1.9.2 (a) 的Simulink电路仿真 (程序li61)

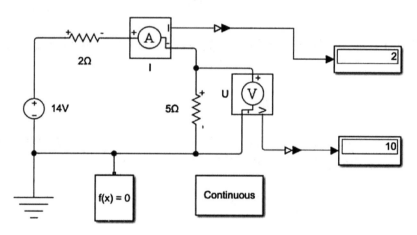

(b) 图1.9.3 的Simulink电路仿真 (程序li62)

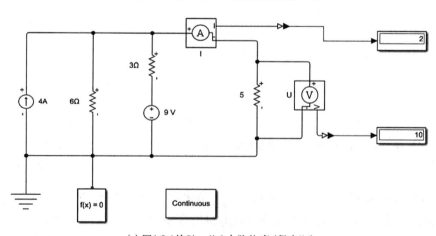

(c) 图1.9.1的Simulink电路仿真 (程序li6)

图 1.9.4 【例 1.9.1】Simulink 电路仿真

1.9.2　诺顿定理

对于含有独立电源的线性单口网络,总是可以找到一个理想电流源与一个等效电阻并联来代替。这种将有源线性单口网络等效为理想电流源和等效内阻并联的方法,称作诺顿定理。

诺顿定理等效过程:含有独立电源的线性单口网络的短路电流等于理想电流源的电流值;诺顿等效电阻求取过程与戴维南等效电阻相同。

【例 1.9.2】　使用诺顿定理求出图 1.9.5 中电阻 $5\,\Omega$ 上的电压 U 与电流 I,并在 MATLAB/Simulink 中建立仿真模型验证结果。

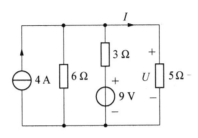

图 1.9.5　【例 1.9.2】电路图

解　(1) 求短路电流 I_{SC}。将 $5\,\Omega$ 短路,如图 1.9.6(a) 所示,其中 I_{SC} 可用叠加定理求得:

$$I_{\text{SC}} = 4 + \frac{9}{3} = 7(\text{A})$$

(2) 求等效电阻 R_{O}。 R_{O} 的求取方法与戴维南定理一致,如图 1.9.6(b) 所示。

$$R_{\text{O}} = \frac{6 \times 3}{6 + 3} = 2(\Omega)$$

(3) 根据已求出的短路电流 I_{SC} 和等效电阻 R_{O},画出诺顿等效电路,如图 1.9.7 所示。

(4) 根据诺顿等效电路,求得电阻 $5\,\Omega$ 上的电压 U 与电流 I:

$$U = 7 \times \frac{2 \times 5}{2 + 5} = 10(\text{V}) \quad I = 7 \times \frac{2}{2 + 5} = 2(\text{A})$$

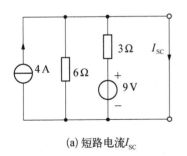

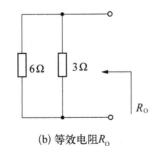

(a) 短路电流 I_{SC}　　　　(b) 等效电阻 R_{O}

图 1.9.6　短路电流与等效电阻

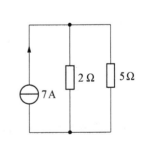

图 1.9.7　【例 1.9.2】诺顿等效电路

建立的 Simulink 仿真电路如图 1.9.8、图 1.9.9 所示。

图 1.9.8 的仿真结果,验证了短路电流结果计算正确。将图 1.9.9 的诺顿电路仿真结果与原电路仿真结果进行对比,验证了诺顿电路与原电路等效。

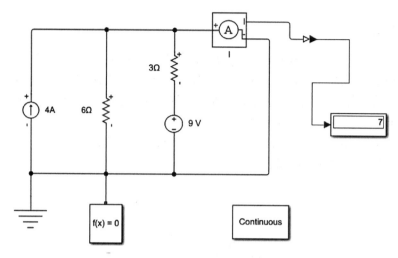

图 1.9.8 求取短路电流的 Simulink 电路仿真 (程序 li71)

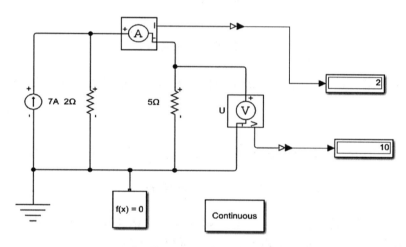

图 1.9.9 诺顿电路的 Simulink 电路仿真 (程序 li7)

1.10 含受控源电路

通常意义上的电源分为电压源与电流源,如前面接触过的理想电压源、实际电压源、理想电流源、实际电流源,这些电源的输出只由自身的特性决定,因此我们称之为独立电源。当电源的输出受到其他支路物理量的控制,不再由自身决定时,我们把这类电源称为受控源,把其他支路的物理量称为控制量。

根据控制量与电源输出物理量的不同,也就是控制量是电流还是电压,我们把受控源分为四类:电压控制电压源(VCVS)、电压控制电流源(VCCS)、电流控制电压源(CCVS)、电流控制电流源(CCCS),如图 1.10.1 所示。

电压控制电压源 VCVS:$U = \mu U_1$ μ 为电压放大系数

电压控制电流源 VCCS:$I = gU_1$ g 为转移电导

电流控制电压源 CCVS:$U = \gamma I_1$ γ 为转移电阻

电流控制电流源 CCCS:$I = \beta I_1$ β 为电流放大系数

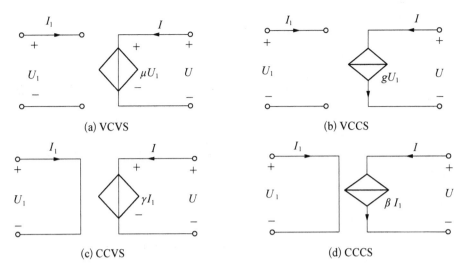

(a) VCVS

(b) VCCS

(c) CCVS

(d) CCCS

图 1.10.1　理想受控源

当这些系数为常数时,被控制量和控制量成正比,这种受控源就是线性受控源。若这些系数不为常数,则相应的受控源是非线性元件。本书只讨论含线性受控源的电路。

以受控源电流控制电压源 CCVS 为例,运用 MATLAB/Simulink 建立受控源仿真电路,观察受控源特性。

【例 1.10.1】　求图 1.10.2 电路图中的电压 U,并用 MATLAB/Simulink 验证。

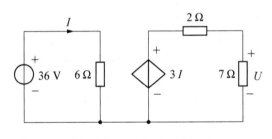

图 1.10.2　【例 1.10.1】电路图

解　根据左侧回路求出电流 I:

$$I = \frac{36}{6} = 6(\mathrm{A})$$

则可求出受控源输出电压为 $3I = 3 \times 6 = 18(\mathrm{V})$,在右侧回路中,可求出 7 Ω 电阻上的电压 U:

$$U = \frac{18}{2+7} \times 7 = 14(\mathrm{V})$$

建立如图 1.10.3 所示的电流仿真模型,根据仿真结果可验证例 1.10.1 的计算结果正确,且验证受控源输出电压受到电流 I 的控制。

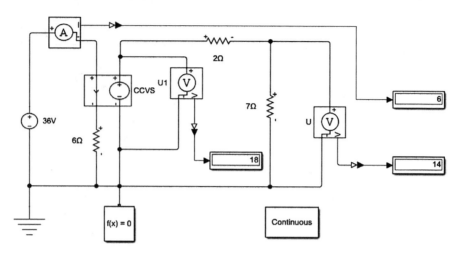

图 1.10.3　图 1.10.2 的 Simulink 电路仿真(程序 li8)

习题一

一、填空题

1. 电路是一种由导线连接的包含各种电路元件的_____。任何一个完整的电路都必须由_____、_____和_____三个基本部分组成。电路的作用是对电能进行_____和_____;对信号进行_____和_____。

2. 电路模型是由一些_____组成的电路。

3. 电流实际方向与参考方向一致,电流值为_____;实际方向与参考方向相反,电流值为_____。

4. 在电路中,如果某个元件电压和电流的参考方向相同,则称该元件为_____。

5. 在电路中,如果某个元件电压和电流的参考方向相反,则称该元件为_____。

6. 基尔霍夫电流定律中,_____的代数和为零。

7. 当电压与电流取关联参考方向时,电阻元件的伏安关系为_____;当取非关联参考方向时,其伏安关系为_____。

8. 理想电压源输出的_____值恒定,输出的_____值由外电路确定。

9. 由 n 个节点、b 条支路组成的电路,共有_____个独立的 KCL 方程和_____个独立 KVL 方程。

10. 受控源可分为_____、_____、_____、_____。

11. 电路如图 1−1 所示,ab 端等效电阻为_____。

12. 电路如图 1−2 所示,ab 端等效电阻为_____。

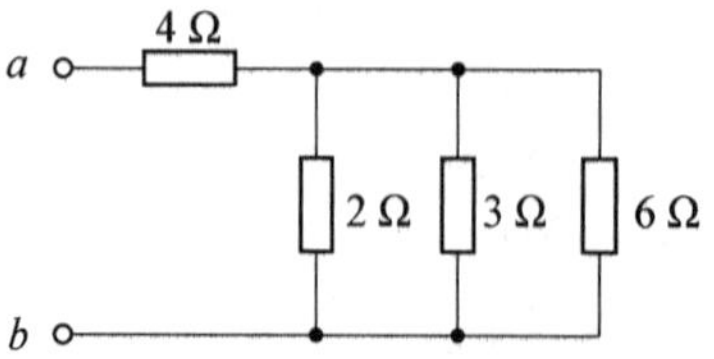

图 1−1

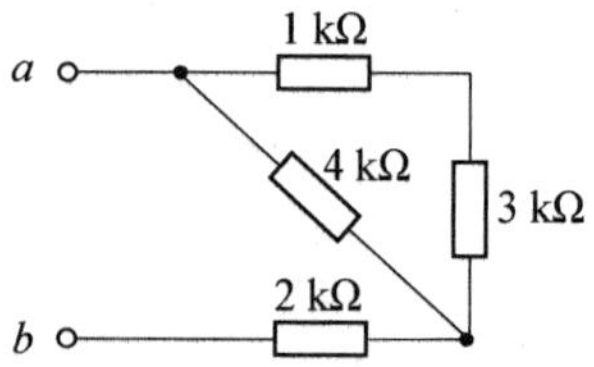

图 1−2

二、判断题

1. 理想电流源输出恒定的电流,其输出端电压由内电阻决定。　　　　　　　(　　)
2. 电阻、电流和电压都是电路中的基本物理量。　　　　　　　　　　　　(　　)
3. 电压是产生电流的根本原因,因此电路中有电压必有电流。　　　　　　　(　　)
4. 绝缘体两端的电压无论再高,都不可能通过电流。　　　　　　　　　　　(　　)
5. 电路分析中描述的电路都是实际中的应用电路。　　　　　　　　　　　　(　　)
6. 实际电压源和电流源的内阻为零时,即为理想电压源和电流源。　　　　　(　　)
7. 电路中两点的电位都很高,这两点间的电压也一定很大。　　　　　　　　(　　)
8. 电路中 A 点的对地电位是 65 V,B 点的对地电位是 35 V,则 $U_{BA} = -30$ V。　(　　)
9. 电荷的定向移动形成电流。　　　　　　　　　　　　　　　　　　　　(　　)
10. 直流电路中,关联参考方向下,电流总是从高电位流向低电位。　　　　(　　)

三、选择题

1. 当元件两端电压与通过元件的电流取关联参考方向时,即为假设该元件(　　)功率;当元件两端电压与通过电流取非关联参考方向时,即为假设该元件(　　)功率。

   A. 吸收　　　　　　　　B. 发出

2. 已知电路中两点间的电压 $U_{ab} = 10$ V,其中 a 点的电位 $V_a = 6$ V,则 b 点的电位 $V_b = (　　)$。

   A. 4 V　　　　　　B. -4 V　　　　　　C. 16 V　　　　　　D. -16 V

3. 已知电路中两点间的电压 $U_{ab} = 15$ V,其中 a 点的电位 $V_a = 9$ V,则 b 点的电位 $V_b = (　　)$。

   A. 6 V　　　　　　B. -6 V　　　　　　C. 16 V　　　　　　D. -16 V

4. 某电阻元件的额定数据为"1 kΩ、2.5 W",正常使用时允许流过的最大电流为(　　)。

   A. 50 mA　　　　　B. 2.5 mA　　　　　C. 250 mA　　　　D. 500 mA

5. 电路如图 1-3 所示,U_S 为理想电压源,若外电路不变,仅 R 变化时,将会引起(　　)。

   A. 端电压 U 的变化
   B. 输出电流 I 的变化
   C. 电阻 R 支路电流的变化
   D. 无法确定

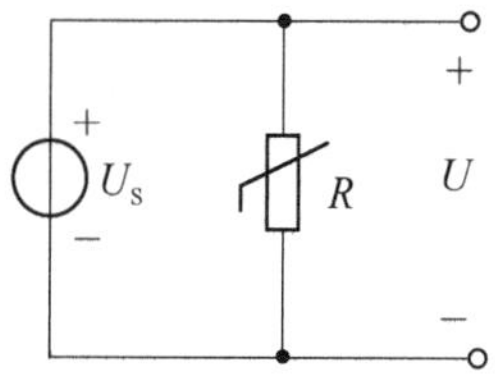

图 1-3

6. 电路如图 1-4 所示,图中的电压 $U_S = (　　)$。

   A. 5 V　　　　　　　　　　　　B. 6 V
   C. 12 V　　　　　　　　　　　　D. 16 V

7. 电路如图 1-5 所示,图中的 $I = (　　)$。

   A. 0.4 A　　　　　B. 0.6 A　　　　　C. 0.8 A　　　　　D. 1.2 A

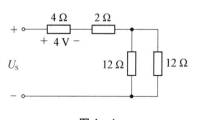

图 1-4

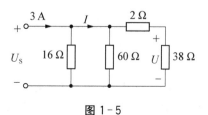

图 1-5

四、名词解释

1. 理想元件
2. 戴维南定理
3. 诺顿定理
4. 节点
5. 回路
6. 伏安特性

五、简答题

1. 简述基尔霍夫电流定律。
2. 简述基尔霍夫电压定律。

六、计算题

1. 如图 1-6 电阻电路中，$R_1 = 20\ \Omega$、$R_2 = 5\ \Omega$、$R_3 = 6\ \Omega$，$E_1 = 140\ \text{V}$、$E_2 = 90\ \text{V}$。根据支路电流法求出 R_3 支路电流，并用 MATLAB/Simulink 验证。

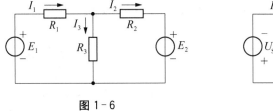
图 1-6

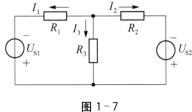
图 1-7

2. 如图 1-7 电路，$U_{S1} = 14\ \text{V}$、$U_{S2} = 2\ \text{V}$，$R_1 = 2\ \Omega$、$R_2 = 3\ \Omega$、$R_3 = 8\ \Omega$，用支路电流法求各支路电流，并用 MATLAB/Simulink 验证。

3. 将图 1-8 电流源等效变换为电压源，并用 MATLAB/Simulink 验证。

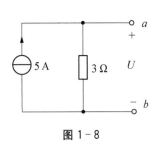
图 1-8

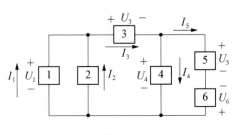
图 1-9

4. 图 1-9 中 $U_1 = 8\ \text{V}$、$U_3 = 2\ \text{V}$、$U_5 = 9\ \text{V}$，$I_1 = 2\ \text{A}$、$I_2 = 4\ \text{A}$、$I_5 = 3\ \text{A}$，求：每个元件的功率，并指出哪些是发出功率，哪些是吸收功率，并用 MATLAB/Simulink 验证。

5. 用叠加定理求图 1-10 中所示电路的电压 U 和电流 I，并求 5 kΩ 电阻和 8 kΩ 电阻的功率，并用 MATLAB/

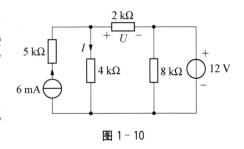
图 1-10

Simulink 验证。

6. 用叠加定理求图 1-11 中电路的电流 I，并用 MATLAB/Simulink 验证。

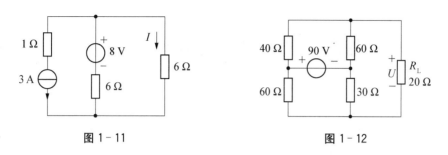

图 1-11　　　　　　　　　　　图 1-12

7. 用戴维南定理求图 1-12 中所示电路的电压 U，并用 MATLAB/Simulink 验证。

8. 用戴维南定理求图 1-13 中所示电路的电流 I_L，并用 MATLAB/Simulink 验证。

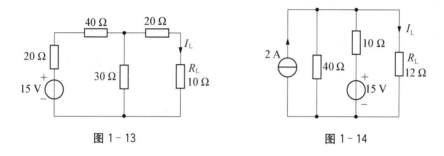

图 1-13　　　　　　　　　　　图 1-14

9. 用诺顿定理求图 1-14 中所示电路的电流 I_L，并用 MATLAB/Simulink 验证。

10. 用诺顿定理求图 1-15 中所示电路的 a、b 两点间的电流 I，并用 MATLAB/Simulink 验证。

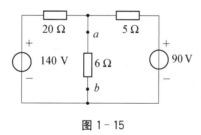

图 1-15

第2章 电路的暂态分析

本章主要对动态电路进行分析。第1章介绍的直流电路分析方法是以电阻电路为主的。电阻电路从一种状态到另外一种状态的过程是瞬间完成的,而工程技术中的各种应用电路除了采用电阻元件外还常常采用电容元件与电感元件。若电路中存在电容与电感元件这样的储能元件,当电路发生换路时,电路从一种稳定状态到另一种稳定状态的中间状态,这种状态变化是电路的暂态过程。电路的暂态过程一般时间历程很短,但对电路的影响不容忽视。

电路的工作状态分为稳态和暂态。

稳态:电源是恒定的或按周期性变化的,电路中产生的电压和电流也是恒定的或按周期性变化的,电路的这种稳定工作状态称为稳态,同时电路的这种工作过程被称为稳态过程。

暂态:电路从一种稳定状态转换为另一种稳定状态要经过一段能量储存或释放的过程,电路的这种工作状态变化称为暂态,同时电路的这种转换的工作过程被称为暂态过程。

2.1 电容元件

电容是储能元件,能够储存电场能量。电容量(简称"电容")是描述电容元件的参数,用 C 表示,单位为法拉[简称"法(F)"],其他常用的单位有微法(μF)、纳法(nF)、皮法(pF)等。常见的电容如图 2.1.1 所示,电容元件的图形符号如图 2.1.2 所示。

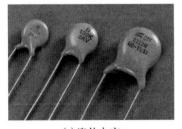
(a) 瓷片电容

(b) 电解电容

(c) 贴片电容

图 2.1.1 电容元件

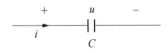

图 2.1.2 电容元件符号

电容元件两端加入电压时,它的极板上就会储存电荷。若电荷与电压之间的关系为线性关系,则为线性电容,否则为非线性电容。其中线性电容的电容量计算如下:

$$C = \frac{q}{u} \tag{2.1.1}$$

或

$$C = \frac{\mathrm{d}q}{\mathrm{d}u} \tag{2.1.2}$$

当电容两端电压与电流为关联参考方向时,电容的伏安特性计算如下:

$$i = \frac{\mathrm{d}q}{\mathrm{d}t} = \frac{\mathrm{d}Cu}{\mathrm{d}t} = C\frac{\mathrm{d}u}{\mathrm{d}t} \tag{2.1.3}$$

当电容两端电压与电流为非关联参考方向时,电容的伏安特性计算如下:

$$i = -C\frac{\mathrm{d}u}{\mathrm{d}t} \tag{2.1.4}$$

由式(2.1.3)和式(2.1.4)可以看出,电容元件的伏安特性是一个微分特性,电容的电流 i 与电压 u 的变化率成正比,电容是动态元件。当电容两端的电压保持不变时(如直流电路),通过它的电流为零,即 $i = C\frac{\mathrm{d}u}{\mathrm{d}t} = 0$,相当于开路,因此电容具有隔断直流的作用。

电容存储的能量为 W,它只与当前时刻电容两端的电压值有关。电容的电压反映了其存储能量的大小,将电压称为电容的状态变量。电容存储能量 W 计算如下:

$$W = \frac{1}{2}Cu^2 \tag{2.1.5}$$

当电容两端电压与电流为关联参考方向时,电容吸收功率 p 计算如下:

$$p = ui = Cu\frac{\mathrm{d}u}{\mathrm{d}t} \tag{2.1.6}$$

直流电路中,电容相当于开路,如图 2.1.3(a)所示,电容直流电路仿真模型如图 2.1.3(b)所示。交流电路中,根据式(2.1.6)可知,电容元件的伏安特性是一个微分特性,如图 2.1.4(a)所示,电容交流电路仿真模型如图 2.1.4(b)所示。根据式(2.1.6)可知,当电压绝对值增加时, u 与 $\frac{\mathrm{d}u}{\mathrm{d}t}$ 同时为正或同时为负,所以 $p > 0$,因此电容吸收能量;当电压绝对值减小时, u 与 $\frac{\mathrm{d}u}{\mathrm{d}t}$ 总是一个为正一个为负,所以 $p < 0$,因此电容发出能量。故在交流电路中,电容本身不耗损能量,只是存储能量。

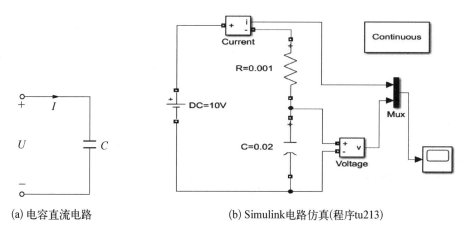

(a) 电容直流电路　　　　　　　(b) Simulink电路仿真(程序tu213)

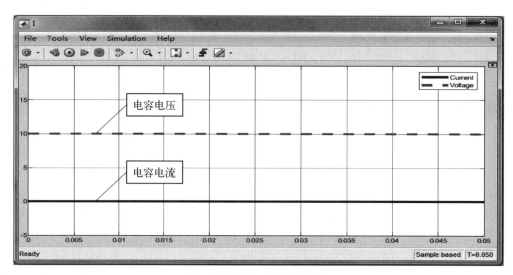

(c) 电容电压与电流波形曲线

图 2.1.3　电容直流电路 Simulink 电路仿真

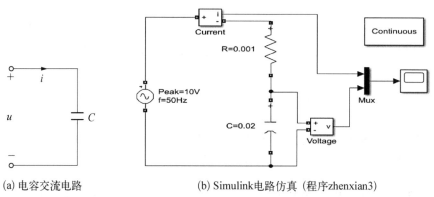

(a) 电容交流电路　　　　　　　　　　(b) Simulink 电路仿真（程序 zhenxian3）

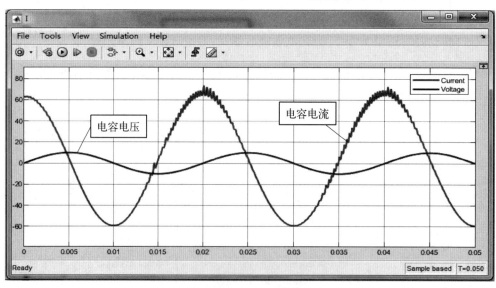

(c) 电容电压与电流波形曲线

图 2.1.4　电容交流电路 Simulink 电路仿真

从仿真模型中可以看出,直流电路中,电源电压为 10 V,因为电容相当于开路,所以电容两端电压等于电源电压,电流为 0;而交流电路中,电源电压为正弦交流电,因为电容元件伏安特性是一个微分特性,所以流过电容的电流是余弦交流电。

电容串联时如图 2.1.5 所示。电容串联相当于电阻并联,串联电容计算如下:

$$\frac{1}{C} = \frac{1}{C_1} + \frac{1}{C_2} \tag{2.1.7}$$

可以推导出:
$$u_1 = \frac{C_2}{C_1 + C_2} u ; \quad u_2 = \frac{C_1}{C_1 + C_2} u$$

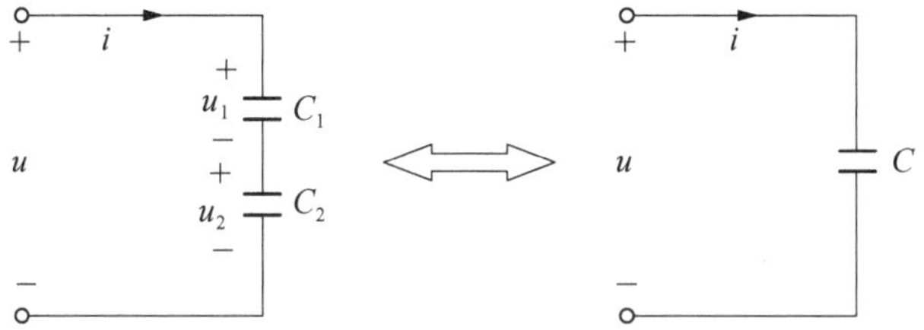

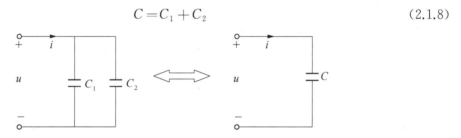

图 2.1.5 电容串联

电容并联时如图 2.1.6 所示。电容并联相当于电阻串联,并联电容计算如下:

$$C = C_1 + C_2 \tag{2.1.8}$$

图 2.1.6 电容并联

2.2 电感元件

电感是储能元件,能够储存磁场能量。电感量(简称"电感")是描述电感元件的参数,用 L 表示,单位为亨利[简称"亨(H)"],其他常用的单位有毫亨(mH)、微亨(μH)等。常见的电感如图 2.2.1 所示,电感元件的图形符号如图 2.2.2 所示。

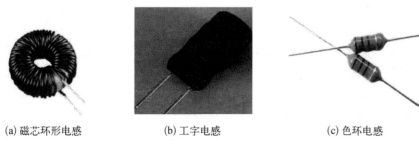

(a) 磁芯环形电感　　　　　　(b) 工字电感　　　　　　(c) 色环电感

图 2.2.1 电感元件

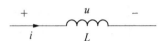

图 2.2.2　电感元件符号

当电感元件两端电压为 u，流过电感元件电流 i 时，将产生磁通 Φ。

如果线圈有 N 匝，则电感元件参数 L 计算如下：

$$L = \frac{N\Phi}{i} \tag{2.2.1}$$

当电感上的电压与电流变化时，且电压与电流为关联参考方向时，电感的伏安特性计算如下：

$$u = L\frac{\mathrm{d}i}{\mathrm{d}t} \tag{2.2.2}$$

当电感上的电压与电流变化时，且电压与电流为非关联参考方向时，电感的伏安特性计算如下：

$$u = -L\frac{\mathrm{d}i}{\mathrm{d}t} \tag{2.2.3}$$

电感元件的伏安特性是一个微分特性，电感电压正比于电流变化率，当流过电感的电流保持不变时，即 $\dfrac{\mathrm{d}i}{\mathrm{d}t}=0$，其两端的电压为零。因此，对直流电路而言，电感相当于短路。

电感存储能量 W 只与当前时刻流过电感的电流值有关，电感的电流反映了其存储能量的大小，将电流称为电感的状态变量。电感存储能量 W 计算如下：

$$W = \frac{1}{2}Li^2 \tag{2.2.4}$$

当电感两端电压与电流为关联参考方向时，电感吸收功率 p 计算如下：

$$p = ui = Li\frac{\mathrm{d}i}{\mathrm{d}t} \tag{2.2.5}$$

直流电感电路，电感相当于短路，如图 2.2.3(a) 所示，电感直流电路仿真模型如图2.2.3(b) 所示。根据式(2.2.3)可知电感元件的电压与电流关系是一个微分关系，如图 2.2.4(a) 所示，电容交流电路仿真模型如图 2.2.4(b) 所示。根据式(2.2.5)可知，当电流绝对值增大时，i 与 $\dfrac{\mathrm{d}i}{\mathrm{d}t}$ 同时为正或同时为负，所以 $p > 0$，因此电感吸收能量；当电流绝对值减小时，i 与 $\dfrac{\mathrm{d}i}{\mathrm{d}t}$ 总是一个为正一个为负，所以 $p < 0$，因此电感发出能量。故在交流电路中，电感不消耗能量，只存储能量。

仿真模型中电源电压为 10 V，电阻为 0.5 Ω，使用示波器显示电阻上的电压和电流，从仿真波形曲线可以看出，电阻上的电压等于电源电压，因而证明此时电感电路短路。

交流电感电路和仿真模型如图 2.2.4 所示，示波器显示的是电感上的电压与电流，电源为正弦交流电，电感元件的伏安特性是一个微分关系，与电容类似。流过电感的电流是电压的积分，相位和幅值都发生改变，具体变化规律将在下一章详细介绍。

当两个无互感的电感线圈串联时，如图 2.2.5 所示，等效电感 L 相当于电阻串联，计算如下：

$$L = L_1 + L_2 \tag{2.2.6}$$

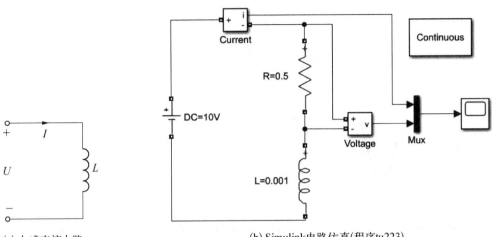

(a) 电感直流电路   (b) Simulink电路仿真(程序tu223)

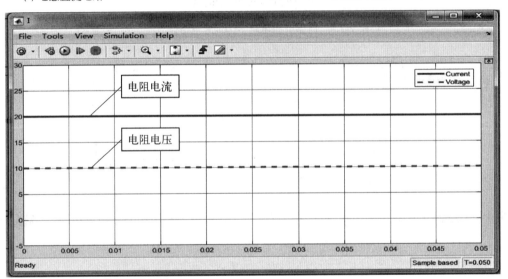

(c) 电阻的电压与电流波形曲线

图 2.2.3　电感直流电路 Simulink 电路仿真

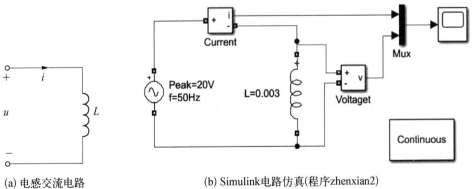

(a) 电感交流电路   (b) Simulink电路仿真(程序zhenxian2)

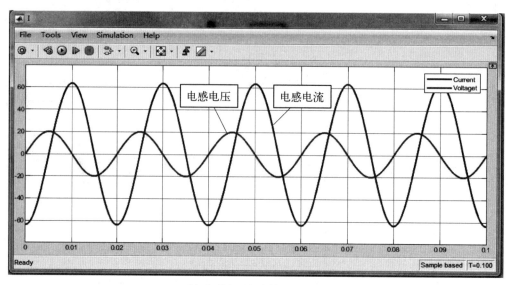

(c) 电感电压与电流波形曲线

图 2.2.4　电感交流电路 Simulink 电路仿真

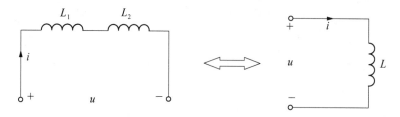

图 2.2.5　电感串联

当两个无互感的电感线圈并联时,如图 2.2.6 所示,等效电感 L 相当于电阻并联,计算如下:

$$\frac{1}{L} = \frac{1}{L_1} + \frac{1}{L_2} \tag{2.2.7}$$

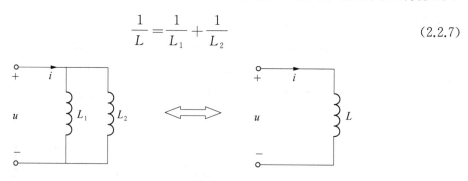

图 2.2.6　电感并联

2.3　动态电路换路定则及初始条件的求取

2.3.1　换路定则

动态电路是指含有储能元件电感、电容的电路。一阶动态电路通常只含有一个电感或电容元件。如果不特别说明,本节的动态电路都是指一阶动态电路。

所谓换路,是指电源的接通或断开、电压或电流的变化、电路元件的参数改变等,即电路的结构或状态的变化。

自然界物体所具有的能量不能突变,能量的积累或释放需要一定的时间,所以对于含有储能元件的动态电路,换路时储能元件吸收或释放能量需要一定的时间历程,这个时间历程就是电路的暂态过程,也叫过渡过程。

设换路在 $t=0$ 时刻进行,称 $t=0_-$ 为换路前一瞬间,$t=0_+$ 为换路后一瞬间,如图 2.3.1 所示。$t=0_+$ 时电路中的电压 u、电流 i 称为初始值,因为能量不能突变,所以换路瞬间电容存储的电场能不变,电感存储的磁场能不变,因为电容电压反映了电场能,电感电流反映了磁场能,所以换路瞬间电容电压不变、电感电流不变,即

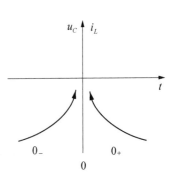

$$u_C(0_+)=u_C(0_-) \tag{2.3.1}$$

$$i_L(0_+)=i_L(0_-) \tag{2.3.2}$$

图 2.3.1 换路时刻

换路定则:电容电压和电感电流在换路后的初始值等于换路前的最终值。

换路定则仅适用于换路瞬间。可根据它来确定 $t=0_+$ 时电路中电压和电流的大小,即暂态过程的初始值。

2.3.2 初始条件的求取

初始值,即 $t=0_+$ 时的电压、电流值,其求取过程如下:

(1) 在 $t=0_-$ 时,即换路前,若在直流电源作用下电路达到稳态,电容视为开路、电感视为短路,应用之前所学的分析电路的方法,求得 $u_C(0_-)$、$i_L(0_-)$。

(2) 应用换路定律求得 $u_C(0_+)$、$i_L(0_+)$。

(3) 画出 $t=0_+$ 时的等效电路,求解其他的初始值。若 $u_C(0_+)=0$,电容用短路线替代;若 $u_C(0_+)\neq 0$,电容用理想的电压源替代,电压源电压为 $u_C(0_+)$。若 $i_L(0_+)=0$,电感相当于开路;若 $i_L(0_+)\neq 0$,电感用理想的电流源替代,电流源电流为 $i_L(0_+)$。

(4) 在 $t=0_+$ 时的等效电路中,应用之前学过的电路分析方法分析电路。

【例 2.3.1】 电路如图 2.3.2 所示,换路前电路已达稳态,$t=0$ 时开关闭合,求 u、i_L、u_L、i_C、u_C 的初始值,并用 MATLAB/Simulink 验证结果。

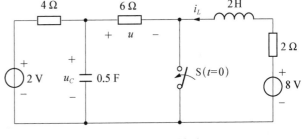

图 2.3.2 【例 2.3.1】电路图

解 (1) 图 2.3.2 为换路前 $t=0_-$ 电路,且电路已达稳定状态,求得:

$$i_L(0_-)=\frac{8-2}{2+6+4}=0.5(\text{A}) \quad u_C(0_-)=4i_L(0_-)+2=4(\text{V})$$

（2）根据换路定则：

$$i_L(0_-) = 0.5(A) = i_L(0_+) \quad u_C(0_-) = u_C(0_+) = 4(V)$$

（3）换路后 $t = 0_+$ 时的电路如图 2.3.3 所示：

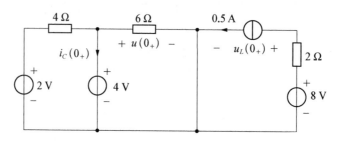

图 2.3.3　图 2.3.2 换路后电路

（4）在换路后的电路中求 u、i_L、u_L、i_C、u_C，即初始值：

$$u(0_+) = 4(V) \quad i_L(0_+) = 0.5(A)$$

列出右侧网孔的 KVL 方程：

$$-8 + 2 \times 0.5 + u_L(0_+) = 0 \quad u_L(0_+) = 7(V)$$

$$u_C(0_+) = 4(V)$$

列出左侧网孔的 KVL 方程：

$$-2 + 4 \times [i_C(0_+) + 0.667] + 4 = 0 \quad i_C(0_+) = -1.167(A)$$

换路后的电路仿真模型如图 2.3.4 所示，可见仿真结果与按初始条件求取的计算结果一致。

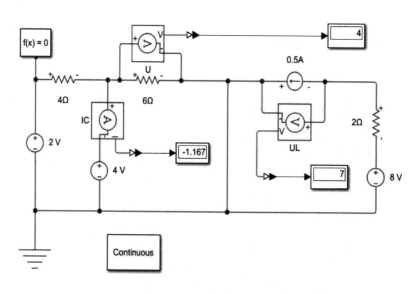

图 2.3.4　换路后 Simulink 电路仿真（程序 tu232）

2.4　零输入响应

响应是指电路在激励(外界输入信号源)或储能元件的初始状态作用下产生的输出。

所谓零输入响应,是指换路前储能元件已经储能,换路后仅由储能元件释放能量在电路中产生的响应。

2.4.1　RC 电路的零输入响应

RC 电路如图 2.4.1 所示,开关在 1 端,电压源 U_0 通过电阻 R_0 对电容充电,充电完成,电容电压达到 U_0。 在 $t=0$ 时开关迅速由 1 端转换到 2 端。电容脱离电压源而与电阻 R 连接,此时无外部信号源作用,因而称为零输入响应。RC 电路的零输入响应其实就是电容放电过程。

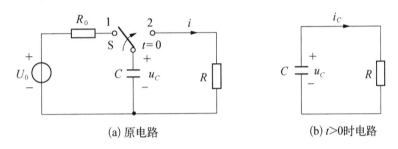

(a) 原电路　　　　　　　　　(b) $t>0$时电路

图 2.4.1　RC 电路零输入响应

$t=0_-$,换路前,电路处于稳定状态,电容充电,由电路情况可知 $u_C(0_-)=U_0$;

$t=0$,换路时,开关由 1 端转向 2 端;

$t=0_+$,换路后的初始瞬间,根据换路定则,$u_C(0_+)=u_C(0_-)=U_0$;

$t>0$,电容开始放电,电路如图 2.4.1(b)所示,可列出 KVL 方程:

$$RC\frac{\mathrm{d}u_C}{\mathrm{d}t}+u_C=0 \tag{2.4.1}$$

求解式(2.4.1)的一阶常系数齐次线性微分方程,得到一阶 RC 电路的零输入响应:

$$u_C(t)=U_0\mathrm{e}^{-\frac{t}{RC}}=u_C(0_+)\mathrm{e}^{-\frac{t}{\tau}} \tag{2.4.2}$$

$$i_C=-C\frac{\mathrm{d}u_C}{\mathrm{d}t}=\frac{U_0}{R}\mathrm{e}^{-\frac{t}{\tau}}=I_0\mathrm{e}^{-\frac{t}{\tau}} \tag{2.4.3}$$

其中,$\tau=RC$ 称为时间常数,具有时间的量纲,单位为秒(s),R 是换路完成后从动态元件两端看进去的戴维南等效电阻。

$t\to\infty$ 时,电路达到新的稳定状态,电容放出的电能已被电阻消耗完,$u_C=0$。

从 $t>0$ 到 $t\to\infty$,是电路零输入响应,即电容放电过程,零输入响应是一个随时间指数衰减的过程,其衰减过程如图 2.4.2 所示。

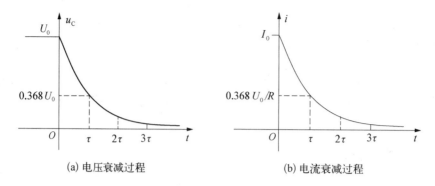

(a) 电压衰减过程   (b) 电流衰减过程

图 2.4.2   RC 电路零输入响应曲线

可见,实际上电路的暂态过程经过 $3\tau \sim 5\tau$ 的时间就结束了。τ 决定衰减的快慢,τ 越小,衰减越快,如图2.4.3所示。

【例 2.4.1】 在图 2.4.4 所示的电路中,已知 $I_S = 2\,mA$、$R_1 = R_2 = 3\,k\Omega$、$R_3 = 4\,k\Omega$、$C = 1\,\mu F$,换路前电路已处于稳态,$t = 0$ 时开关 S 闭合。试求 $t > 0$ 时的电压 $u_C(t)$ 和电流 $i_C(t)$,并用 MATLAB/Simulink 仿真模型绘制时间响应的曲线图。

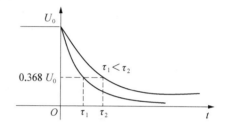

图 2.4.3 τ 的大小对衰减过程的影响

解 $u_C(0_+) = u_C(0_-) = I_S R_2 = 2 \times 10^{-3} \times 3 \times 10^3$
$$= 6(\text{V})$$

$$\tau = R_3 C = 4 \times 10^3 \times 1 \times 10^{-6} = 4 \times 10^{-3}(\text{s})$$
$$= 4(\text{ms})$$

$$u_C(t) = u_C(0_+)\mathrm{e}^{-\frac{t}{\tau}} = 6\mathrm{e}^{-\frac{10^3}{4}t} = 6\mathrm{e}^{-250t}\ (\text{V})$$

$$i_C(t) = C\frac{\mathrm{d}u_C}{\mathrm{d}t} = -1 \times 10^{-6} \times 6 \times 250\mathrm{e}^{-250t}$$
$$= -1.5\mathrm{e}^{-250t}\ (\text{mA})$$

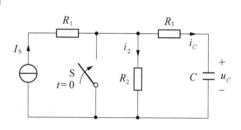

图 2.4.4   【例 2.4.1】RC 电路图

$u_C(t)$ 和 $i_C(t)$ 随时间变化的曲线可在仿真模型中画出,其仿真模型如图2.4.5所示。仿真模型中,开关闭合瞬间可在示波器中得到电压 $u_C(t)$ 和电流 $i_C(t)$ 的时间响应曲线,如图2.4.6所示,结果符合指数衰减规律。

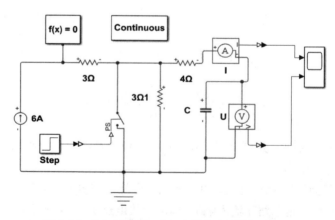

图 2.4.5   RC 电路 Simulink 电路仿真(程序 tu241)

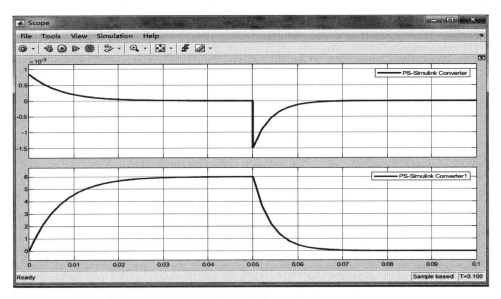

图 2.4.6 $u_C(t)$ 和 $i_C(t)$ 的时间响应波形曲线

2.4.2 RL 电路的零输入响应

RL 电路如图 2.4.7 所示,开关在 1 端,电感 L 储能,开关在 2 端,电感释放能量。

$t=0_-$,换路前,电路处于稳定状态,$i_L(0_-)=\dfrac{U_0}{R_0}=I_0$;

$t=0$,换路时,开关由 1 端转向 2 端;

$t=0_+$,换路后的初始瞬间,根据换路定则,$i_L(0_-)=i_L(0_+)=\dfrac{U_0}{R_0}$;

$t>0$,电感释放能量,电路如图 2.4.7(b) 所示,可列出 KVL 方程:

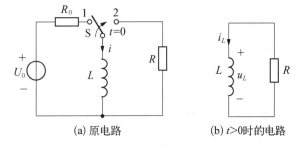

(a) 原电路　　　　(b) $t>0$时的电路

图 2.4.7 RL 电路的零输入响应

$$Ri_L + L\,\frac{\mathrm{d}i_L}{\mathrm{d}t} = 0 \tag{2.4.4}$$

求解式(2.4.4)的一阶常系数齐次线性微分方程,得到一阶 RL 电路零输入响应:

$$i_L = I_0 \mathrm{e}^{-\frac{R}{L}t} = i_L(0_+)\mathrm{e}^{-\frac{t}{\tau}} \tag{2.4.5}$$

$$u_L = L\,\frac{\mathrm{d}i}{\mathrm{d}t} = -RI_0\mathrm{e}^{-\frac{t}{\tau}} \tag{2.4.6}$$

式中,时间常数 $\tau=\dfrac{L}{R}$,R 是换路完成后从动态元件两端看进去的戴维南等效电阻,i_L 与 u_L 随时间变化的曲线如图 2.4.8 所示,电感上的电流随时间按指数规律变化,变化的速度取决于时间常数 τ,τ 越小,衰减越快。

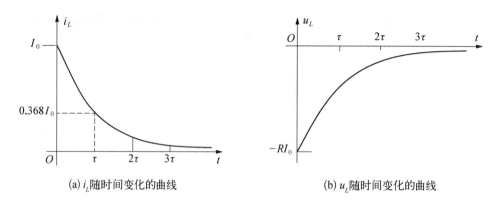

(a) i_L 随时间变化的曲线　　　　　　　(b) u_L 随时间变化的曲线

图 2.4.8　RL 电路零输入时间响应的波形

$t \to \infty$ 时,电路达到新的稳定状态,电感能量释放结束, $i_L = 0$。 理论上,当 $t \to \infty$ 时,过渡过程结束, i_L 达到稳态值;实际上,当 $t = 5\tau$ 时,过渡过程就基本结束了, i_L 达到稳态值。

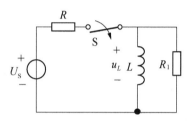

图 2.4.9　【例 2.4.2】电路图

【例 2.4.2】　如图 2.4.9 所示的电路,原电路已处于稳态。若 $U_S = 100$ V, $R = 20$ Ω, $L = 0.5$ H, $R_1 = 10^4$ Ω。 求开关断开后,电感电压的初值,并用 MATLAB/Simulink 仿真验证结果。

解　$t = 0_-$ 时, $i_L(0_-) = \dfrac{U_S}{R} = \dfrac{100}{20} = 5$(A); $t = 0_+$ 时,
$i_L(0_+) = i_L(0_-) = 5$(A)。

开关断开后, L 与电阻 R_1 构成回路,且回路中电流为 $i_L(0_+)$,电感两端电压为 $u_L = R_1 \times i_L(0_+) = 10^4 \times 5 = 50$(kV)。

对图 2.4.9 进行仿真,仿真模型如图 2.4.10 所示。在此模型中,仿真开始时开关处于闭合状态。0.5 s 时开关断开,换路开始,在示波器中可以观察换路时电感上电压与电流的时间变化曲线,如图 2.4.11 所示。从图 2.4.11 中的电感电流波形和电感电压波形可以看出,换路前,电感相当于短路,故电压为 0,换路时,电感的电压与电流都没有突变,两者逐渐衰减至 0,且衰减过程符合指数规律,换路开始瞬间,电感上的电压初始值为 50 kV,与计算结果一致。

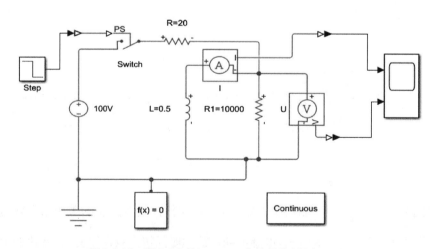

图 2.4.10　图 2.4.9 的 Simulink 电路仿真(程序 tu249)

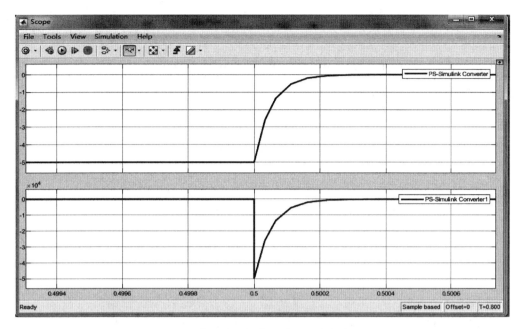

图 2.4.11　电感电流与电压的时间响应波形曲线

2.5　零状态响应

所谓零状态响应,是指换路前储能元件未储能,换路后仅由独立外部信号源作用在电路中产生的响应。

2.5.1　RC 电路的零状态响应

RC 电路如图 2.5.1 所示,电容的初始状态为零,$t=0$ 时,电路换路,开关 S 由"1"扳向"2",电压源 U_s 接入 RC 电路,电容开始充电,RC 电路的零状态响应就是电容充电的过程。

$t=0_-$,换路前,开关在 1 端,电容无储存能量,$u_C(0_-)=0$;

$t=0$,换路时,开关由 1 端转向 2 端;

$t=0_+$,换路后的初始瞬间,根据换路定则,$u_C(0_-)=u_C(0_+)=0$,得电容电压初始条件为 $u_C(0_+)=0$;

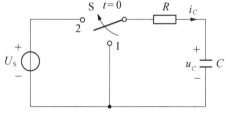

图 2.5.1　RC 电路零状态响应

$t>0$,可列出 KVL 方程,这是一阶常系数非齐次线性微分方程:

$$RC\frac{\mathrm{d}u_C}{\mathrm{d}t}+u_C=U_s \tag{2.5.1}$$

$t\to\infty$,电容充电完成,电路达到新的稳态,$u_C=U_s$;

$t>0$ 时,解一阶常系数非齐次线性微分方程得:

$$u_C(t)=u'_C+u''_C \tag{2.5.2}$$

其中，$u'_C = Ae^{-\frac{t}{\tau}}$，为齐次微分方程的通解，$\tau = RC$，$A$ 为积分常数，通解 u'_C 随时间变化，故通常称为暂态分量，它会随时间按指数衰减。当衰减至 0 时，过渡过程结束。$u''_C = u_C(\infty) = U_S$ 为方程的特解，u''_C 实际上是常数，即为电路的稳态值，也称为稳态分量。

将通解和特解代入方程中得到：

$$u_C(t) = Ae^{-\frac{t}{RC}} + U_S \tag{2.5.3}$$

代入电容电压的初始条件 $u_C(0_+) = 0$，解得：

$$A = u_C(0_+) - u_C(\infty) = -U_S$$

将 A 代回式(2.5.3)中，得到零状态响应：

$$u_C(t) = -U_S e^{-\frac{t}{\tau}} + U_S = U_S(1 - e^{-\frac{t}{\tau}}) = u_C(\infty)(1 - e^{-\frac{t}{\tau}}) \tag{2.5.4}$$

$$i_C(t) = C\frac{\mathrm{d}u_C}{\mathrm{d}t} = \frac{U_S}{R}e^{-\frac{t}{\tau}} = I_0 e^{-\frac{t}{\tau}} \tag{2.5.5}$$

RC 电路零状态响应曲线，即 u_C 和 i_C 随时间变化的曲线，如图 2.5.2 所示。

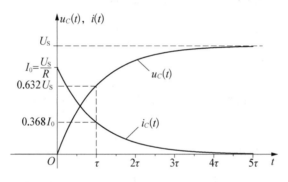

图 2.5.2　RC 电路零状态时间响应曲线

从图 2.5.2 中可以看出，$t \leqslant 0$ 时电容电压连续，电流跃变。当 $t > 0$ 时，电压、电流随时间按同一指数规律变化。τ 的物理意义是决定电路暂态过程变化的快慢，实际上电路的暂态过程经过 $3\tau \sim 5\tau$ 的时间就结束了。

RC 电路的零状态响应就是电容的充电过程，电容在电压源的作用下，电压从 0 按指数逐渐上升，最终达到稳态值 U_S，电源提供的能量，一部分被电容以电场形式存储起来，另一部分被电阻所消耗。

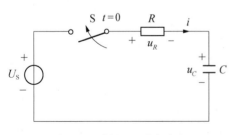

图 2.5.3　【例 2.5.1】电路图

【例 2.5.1】　在图 2.5.3 中，已知 $R = 20$ kΩ，$C = 1$ μF，$U_S = 10$ V，$U_C(0_+) = 0$，试求开关 S 闭合后，u_C、i、u_R 的变化规律。

解　电路的时间常数 $\tau = RC = 20 \times 10^3 \times 1 \times 10^{-6} = 20 \times 10^{-3}(\mathrm{s}) = 20(\mathrm{ms})$

故 $u_C = U_S(1 - e^{-\frac{t}{\tau}}) = 10(1 - e^{-\frac{t}{20 \times 10^{-3}}}) = 10(1 - e^{-50t})(\mathrm{V})$

$$i = C\frac{\mathrm{d}u_C}{\mathrm{d}t} = \frac{1}{2}\mathrm{e}^{-50t}\,(\mathrm{mA})$$

$$u_R = iR = 10\mathrm{e}^{-50t}\,(\mathrm{V})$$

【例 2.5.2】　电路如图 2.5.4 所示,已知电容电压 $u_C(0_-)=0$,$t=0$ 时开关闭合,求 $t \geqslant 0$ 时的 $i_R(t)$、电容电压 $u_C(t)$ 和电容电流 $i_C(t)$。

解　在开关闭合瞬间,由换路定则知,
$u_C(0_+) = u_C(0_-) = 0$

当电路达到新的稳定状态时,$u_C(\infty) = 5 \times$ $(12 /\!/ 36) = 45(\mathrm{V})$

由电容两端得到的等效电阻 $R_0 = 3 + (12 /\!/ 36) = 12(\Omega)$

电路的时间常数 $\tau = R_0 C = 12 \times 0.02 = 0.24(\mathrm{s})$

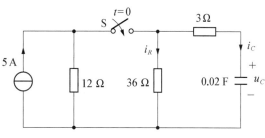

图 2.5.4　【例 2.5.2】电路图

从而得到电容电压的零状态响应为

$$u_C(t) = u_C(\infty)(1 - \mathrm{e}^{-\frac{t}{\tau}}) = 45(1 - \mathrm{e}^{-\frac{25}{6}t})(\mathrm{V})$$

$$i_C(t) = C\frac{\mathrm{d}u_C}{\mathrm{d}t} = 3.75\mathrm{e}^{-\frac{25}{6}t}(\mathrm{A})$$

$$i_R(t) = \frac{3i_C(t) + u_C(t)}{36} = 1.25 - 0.937\,5\mathrm{e}^{-\frac{25t}{6}}(\mathrm{A})$$

【例 2.5.3】　用 MATLAB/Simulink 仿真【例 2.5.2】$u_C(t)$ 与 $i_C(t)$ 的波形曲线。

解　仿真模型如图 2.5.5 所示,测得 $u_C(t)$ 与 $i_C(t)$ 的波形曲线如图 2.5.6 所示。

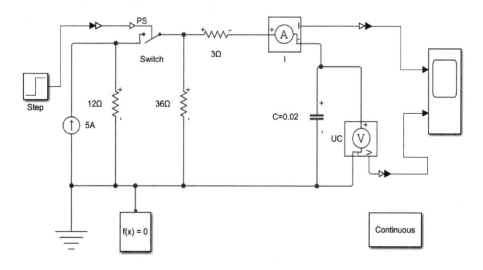

图 2.5.5　图 2.5.4 的 Simulink 电路仿真(程序 tu255)

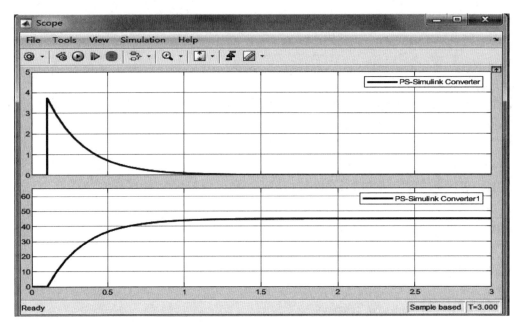

图 2.5.6 $u_C(t)$ 与 $i_C(t)$ 波形曲线

2.5.2 RL 电路的零状态响应

RL 电路图如 2.5.7 所示,换路时,开关 S 由 1 端转向 2 端,电感通过电阻与直流电压源接通。RL 电路的初始状态为零,由外加电压源激励引起的响应,称为 RL 电路零状态响应。

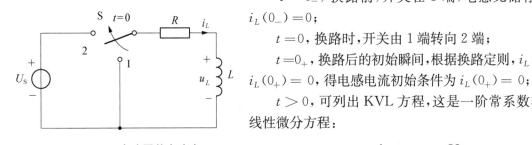

图 2.5.7 RL 电路零状态响应

$t=0_-$,换路前,开关在 1 端,电感无储存能量,$i_L(0_-)=0$;

$t=0$,换路时,开关由 1 端转向 2 端;

$t=0_+$,换路后的初始瞬间,根据换路定则,$i_L(0_-)=i_L(0_+)=0$,得电感电流初始条件为 $i_L(0_+)=0$;

$t>0$,可列出 KVL 方程,这是一阶常系数非齐次线性微分方程:

$$\frac{L}{R}\frac{\mathrm{d}i_L}{\mathrm{d}t}+i_L=\frac{U_\mathrm{S}}{R} \tag{2.5.6}$$

求解一阶常系数非齐次线性微分方程得:

$$i_L(t)=\frac{U_\mathrm{S}}{R}(1-\mathrm{e}^{-\frac{t}{\tau}})=i(\infty)(1-\mathrm{e}^{-\frac{t}{\tau}}) \tag{2.5.7}$$

$$u_L(t)=L\frac{\mathrm{d}i_L}{\mathrm{d}t}=U_\mathrm{S}\mathrm{e}^{-\frac{t}{\tau}} \tag{2.5.8}$$

其中,$\tau=\dfrac{L}{R}$,单位是秒,为时间常数。

$t\to\infty$,电感充电完成,电路达到新的稳态,$i_L=\dfrac{U_\mathrm{S}}{R}$,$u_L=0$。$i_L(t)$ 与 $u_L(t)$ 的时间响应

曲线如图 2.5.8 所示。

通过改变元件参数 R、L 的值,调节动态电路过渡过程时间的长短。τ 越大,曲线变化越慢,过渡过程的时间越长。τ 的数值等于电感电流由初始值上升到稳态值的 63.2% 时所需的时间,一般经过 $3\tau \sim 5\tau$ 时间,电路基本达到稳态。

RL 电路零状态响应是电路在直流电源作用下存储能量的过程,在直流电源的作用下,其状态变量由初始的零值,按指数规律逐渐上升,最后达到稳态值。直流电源供给的能量一部分被电阻所消耗,另一部分被动态元件转换为磁场能存储起来。对于一阶电路,只需求出稳态值和时间常数 τ,便可求出其零状态响应。

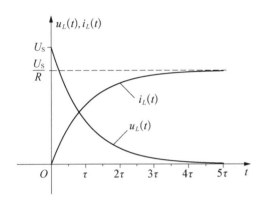

图 2.5.8 $i_L(t)$ 与 $u_L(t)$ 的时间响应曲线

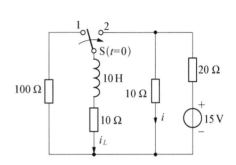

图 2.5.9 【例 2.5.4】电路图

【例 2.5.4】 图 2.5.9 所示为零状态电路,$t=0$ 时开关由位置"1"扳向位置"2",求 $t>0$ 时的 i_L 及 i,并用 MATLAB/Simulink 仿真电感电流 i_L 随时间变化的曲线。

解 换路前电感无储能,可得:$i_L(0_-)=i_L(0_+)=0$

换路后,达到新稳态时,电感相当于短路。

$$i_L(\infty)=\frac{15}{20+10\ /\!/\ 10}\times\frac{10}{10+10}=0.3(\mathrm{A})$$

时间常数:$\tau=\dfrac{L}{R_0}=\dfrac{10}{10+20\ /\!/\ 10}=0.6(\mathrm{s})$

零状态响应:

$$i_L(t)=i_L(\infty)(1-\mathrm{e}^{-\frac{t}{\tau}})=0.3(1-\mathrm{e}^{-\frac{5t}{3}})(\mathrm{A})$$

列出中间网孔的 KVL 方程:

$$u_L(t)+10i_L(t)-10i(t)=0$$

$$i(t)=\frac{1}{10}\left[u_L(t)+10i_L(t)\right]=\frac{1}{10}\left[L\frac{\mathrm{d}i_L(t)}{\mathrm{d}t}+10i_L(t)\right]$$

$$=\frac{1}{10}(5\mathrm{e}^{-\frac{5t}{3}}+3-3\mathrm{e}^{-\frac{5t}{3}})=0.3+0.2\mathrm{e}^{-\frac{5t}{3}}(\mathrm{mA})$$

电路仿真模型如图 2.5.10 所示,仿真时间为 4 s。0.5 s 时开关闭合,使用示波器显示电感电流波形,如图 2.5.11 所示。由图 2.5.11 可知,电感电流的初始状态为 0,即 $i_L(0_+)=$

0；0.5 s 换路开始后，电感电流开始上升；大约经过 5τ 时间，即 3 s 左右时，电路基本达到稳态，即 $i_L(\infty) = 0.3$ A。

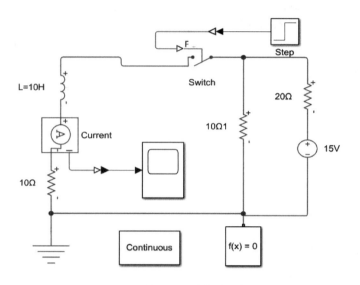

图 2.5.10　图 2.5.9 的 Simulink 电路仿真(程序 tu259)

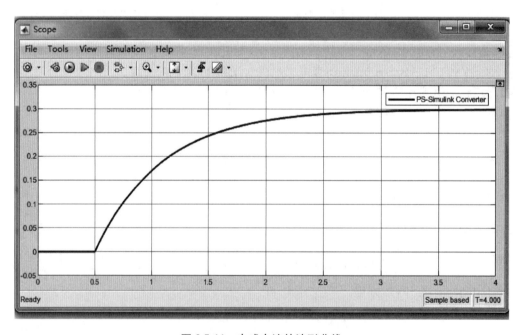

图 2.5.11　电感电流的波形曲线

2.6　电路的完全响应

所谓完全响应(简称"全响应")，是指换路前储能元件已经储能，换路后由储能元件和独立外部信号源共同作用在电路中产生的响应。

2.6.1 RC 电路的完全响应

RC 电路的完全响应如图 2.6.1 所示。

$t=0_-$，换路前，开关 S 在 1 端，$u_C(0_-)=U_0$；

$t=0$，换路时，开关由 1 端转向 2 端；

$t=0_+$，换路后的初始瞬间，根据换路定则，

$u_C(0_-)=u_C(0_+)=U_0$；

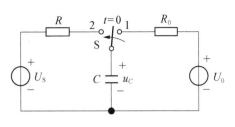

图 2.6.1 RC 电路的完全响应

$t>0$，电容由 U_s 提供能量，可列出 KVL 方程：

$$RC\frac{\mathrm{d}u_C}{\mathrm{d}t}+u_C=U_s \tag{2.6.1}$$

其中，$\tau=RC$，解得 RC 电路的完全响应：

$$u_C(t)=U_s+(U_0-U_s)\mathrm{e}^{-\frac{t}{\tau}}=u_C(\infty)+[u_C(0_+)-u_C(\infty)]\mathrm{e}^{-\frac{t}{\tau}}$$
$$=u_C(0_+)\mathrm{e}^{-\frac{t}{\tau}}+u_C(\infty)(1-\mathrm{e}^{-\frac{t}{\tau}}) \tag{2.6.2}$$

$t\rightarrow\infty$ 时，电容充电完成，达到新稳态 $u_C=U_s$。

式(2.6.2)中，$u_C(\infty)$ 为稳态分量，$[u_C(0_+)-u_C(\infty)]\mathrm{e}^{-\frac{t}{\tau}}$ 为暂态分量，完全响应可以写为"全响应＝稳态分量＋暂态分量"，如图 2.6.2（a）所示；而 $u_C(0_+)\mathrm{e}^{-\frac{t}{\tau}}$ 又为零输入响应，$u_C(\infty)(1-\mathrm{e}^{-\frac{t}{\tau}})$ 为零状态响应，所以完全响应又可以写为"全响应＝零输入响应＋零状态响应"，如图 2.6.2(b)所示。

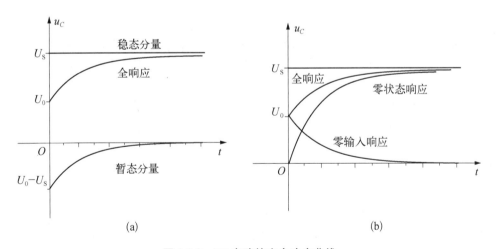

(a)	(b)

图 2.6.2 RC 电路的完全响应曲线

2.6.2 RL 电路的完全响应

RL 电路的完全响应如图 2.6.3 所示。

$t=0_-$，换路前，开关在 1 端，$i_L(0_-)=\dfrac{U_0}{R_0}$；

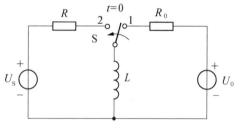

图 2.6.3　RL 电路的完全响应

$t = 0$，换路时，开关由 1 端转向 2 端；

$t = 0_+$，换路后的初始瞬间，根据换路定则，得初

始条件 $i_L(0_-) = i_L(0_+) = \dfrac{U_0}{R_0}$；

$t > 0$，可列出 KVL 方程：

$$i_L(t) = \frac{U_s}{R} + \left(\frac{U_0}{R_0} - \frac{U_s}{R} \right) e^{-\frac{t}{\tau}}$$

$$= i_L(\infty) + \left[i_L(0_+) - i_L(\infty) \right] e^{-\frac{t}{\tau}} \tag{2.6.3}$$

其中，$\tau = \dfrac{L}{R}$。

$t \to \infty$ 时，电感充电完成，电路达到新的稳态，$i_L = \dfrac{U_s}{R}$。

RL 电路的完全响应与 RC 电路的完全响应相同，即

全响应 = 稳态分量 + 暂态分量 = 零输入响应 + 零状态响应

完全响应是一个由初始值开始按指数规律变化到稳态值的过程，可以由初始值、稳态值和时间常数这三个参数确定。

2.6.3　三要素法

通过前面学习的知识可以分析得出，一阶电路动态响应都可用如下通用公式表示出来：

$$f(t) = f(\infty) + \left[f(0_+) - f(\infty) \right] e^{-\frac{t}{\tau}} \tag{2.6.4}$$

当稳态值 $f(\infty) = 0$ 时，即电路没有输入时，式(2.6.4)自动退化为零输入响应的表达式；当初始值 $f(0_+) = 0$ 时，即电路的初始状态为零时，式(2.6.4)自动退化为零状态响应的表达式。

对于式(2.6.4)的求解，可用数学方法求解微分方程，但经典法解方程比较麻烦。仔细观察该式我们发现，动态响应含有初始值 $f(0_+)$、稳态值 $f(\infty)$ 和时间常数 τ 三个要素，可见只要求出电路的初始值、稳态值和时间常数，就可以方便地求出一阶动态电路零输入响应、零状态响应和全响应。

这种利用初始值 $f(0_+)$、稳态值 $f(\infty)$ 和时间常数 τ 三个要素分析过渡过程的方法，称为三要素法。

三要素法求解电路响应的具体过程如下：

(1) 求初始值。按换路前的电路求出换路前瞬间（$t = 0_-$）的电容电压 $u_C(0_-)$ 和电感电流 $i_L(0_-)$。由换路定律确定换路后瞬间（$t = 0_+$）的电容电压 $u_C(0_+)$ 和电感电流 $i_L(0_+)$。

(2) 求稳态值。换路后，电路达到稳态值，直流电路中，电容 C 开路，电感 L 短路，求出 $u_C(\infty)$ 与 $i_L(\infty)$。

(3) 求时间常数。根据换路后电路，求出电容与电感外的戴维南等效电阻 R，再根据公式 $\tau = RC$ 与 $\tau = \dfrac{L}{R}$ 求出时间常数。

(4) 求解一阶电路时间响应。将上述过程求解出的三要素，代入 $f(t) = f(\infty) + \left[f(0_+) - \right.$

$f(\infty)]\mathrm{e}^{-\frac{t}{\tau}}$ 中,就可求出一阶电路的时间响应。

【例 2.6.1】　如图 2.6.4 所示的电磁式的继电器过流保护直流输电线路,已知继电器 $R_1 = 0.3\,\Omega$、$L = 0.2\,\mathrm{H}$,输电线电阻 $R = 1.7\,\Omega$,负载电阻 $R_L = 20\,\Omega$。 当负载发生短路时,继电器动作切断电路,继电器动作电流 $i_L = 30\,\mathrm{A}$,设 $U = 220\,\mathrm{V}$。 求开关闭合多长时间后继电器动作,并用 MATLAB/Simulink 验证计算结果。

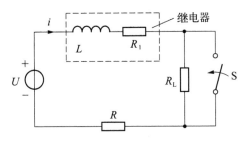

图 2.6.4 **【例 2.6.1】电路图**

解　按三要素法分别求初始值、稳态值和时间常数,计算如下:

(1) 初始值

因为开关 S 闭合之前电路已处于稳态,且根据换路定律有:

$$i_L(0_+) = i_L(0_-) = \frac{U}{R_1 + R_L + R} = \frac{220}{0.3 + 1.7 + 20} = 10(\mathrm{A})$$

(2) 稳态值

当 $t \to \infty$ 时,电感 L 可看作短路,因此:

$$i_L(\infty) = \frac{U}{R_1 + R} = \frac{220}{0.3 + 1.7} = 110(\mathrm{A})$$

(3) 时间常数 τ

将电感支路断开,求电感以外的戴维南等效电阻,恒压源短路,得:

$$R_\tau = R + R_1 = 0.3 + 1.7 = 2(\Omega)$$

$$\tau = \frac{L}{R_\tau} = \frac{0.2}{2} = 0.1(\mathrm{s})$$

(4) 利用三要素公式,求得 i_L:

$$i_L = 110 + (10 - 110)\mathrm{e}^{-10t} = 110 - 100\mathrm{e}^{-10t}\,(\mathrm{A})$$

(5) 设 S 闭合经过 t 秒继电器动作,由 $i_L = 30\,\mathrm{A}$ 得:

$$110 - 100\mathrm{e}^{-10t} = 30 \quad t = 0.022\,3(\mathrm{s})$$

仿真模型如图 2.6.5 所示,仿真时间为 2 s,在 0.5 s 时,开关闭合,电路换路,示波器测得电感电流波形如图 2.6.6 所示。从图 2.6.6 中可以看出,换路后 0.02 s 左右,即时间轴 0.52 s,电感电流达到 30 A,满足继电器动作条件,验证计算结果正确。

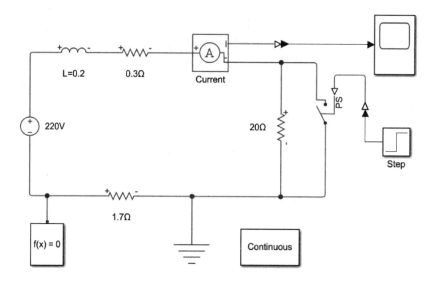

图 2.6.5　图 2.6.4 的 Simulink 电路仿真(程序 tu3651)

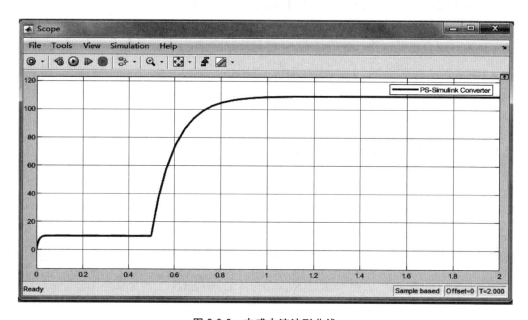

图 2.6.6　电感电流波形曲线

2.7　微分电路与积分电路

微分电路与积分电路是 RC 电路的应用实例,它可将输入的矩形波变换为尖脉冲或锯齿波。

矩形脉冲激励下的 RC 电路,若选取不同的时间常数,可构成输出电压波形与输入电压波形之间的特定微分或积分关系。

2.7.1　微分电路

输出电压与输入电压的微分成正比的 RC 电路,如图 2.7.1(a)所示。

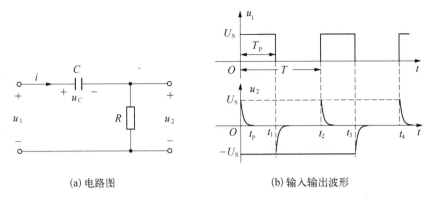

(a) 电路图   (b) 输入输出波形

图 2.7.1   RC 微分电路

图 2.7.1(b)中，T_P 为脉冲宽度，u_1 为矩形脉冲，是输入电压，稳态值为 U_S，u_2 为输出电压。

(1) 条件

$\tau = RC \ll T_P$；从电阻两端输出，且 $u_C(0_-) = 0$。

(2) 波形

$t = 0 \sim t_1$：电容充电，u_C 由零按指数规律上升，$u_R = u_2$ 按指数规律下降。因 $\tau \ll T_P$，电容很快充至稳态值 U_S。输出电压为一正尖脉冲，脉冲宽度 t_P 比 T_P 窄。

$t = t_1 \sim t_2$：电容向 R 放电，u_C 由初始值按指数规律衰减。u_2 从 $-U_S$ 衰减到 0。因 $\tau \ll T_P$，电容很快放至稳态值零。输出电压为一负尖脉冲。

若输入周期性矩形脉冲，输出电压为周期性的正负尖脉冲。

(3) 输出电压与输入电压关系

当时间常数 τ 很小时，电容充放电很快，电容电压与输入电压基本平衡。

$$u_1 = u_C + u_2$$

R 很小，u_R 很小，$u_1 \approx u_C$，输出电压与输入电压的微分成正比。

$$u_2 = iR = RC \frac{\mathrm{d}u_C}{\mathrm{d}t} \approx RC \frac{\mathrm{d}u_1}{\mathrm{d}t}$$

2.7.2   积分电路

输出电压与输入电压的积分成正比的 RC 电路，如图 2.7.2(a)所示。

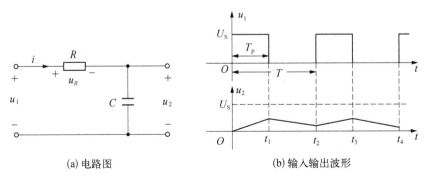

(a) 电路图   (b) 输入输出波形

图 2.7.2   RC 积分电路

图 2.7.2(b)中，T_P 为脉冲宽度，u_1 为矩形脉冲，是输入电压，稳态值 U_S，u_2 为输出电压，$u_2 = u_C$。

（1）条件

$\tau = RC \gg T_P$；输出电压从电容两端输出，且 $u_2(0_-) = u_C(0_-) = 0$。

（2）波形

$t = 0 \sim t_1$：电容充电，u_C 由零按指数规律上升，τ 很大，充电很慢，u_2 远未达到稳态值 U_S 时，脉冲就终止了。

$t = t_1 \sim t_2$：电容放电，u_C 按指数规律下降，τ 很大，放电很慢，远未衰减完时，第二个脉冲就到了。

（3）输出电压与输入电压关系

当时间常数 τ 很大时，电容充放电缓慢，可认为电阻端电压基本上就是输入电压。

$u_1 = u_R + u_C$，u_C 很小，$u_1 \approx u_R$，输出电压与输入电压的积分成正比。

$$u_2 = u_C = \frac{1}{C} \int i \, \mathrm{d}t = \frac{1}{C} \int \frac{u_R}{R} \, \mathrm{d}t \approx \frac{1}{RC} \int u_1 \, \mathrm{d}t$$

2.7.3 微分电路和积分电路小结

（1）$\tau \ll T_P$ 时，电容 C 的充、放电都很快，u_C 的波形近似为脉冲波。$u_2 = u_1 - u_C$，所以 u_R 的波形近似为双向尖脉冲，近似为 u_1 的微分，τ 越小，脉冲越尖。通常称这种 $\tau \ll T_P$，且从 R 上输出的电路为"微分电路"。

（2）$\tau \gg T_P$ 时，电容 C 充、放电都很慢，u_C 波形接近三角形，u_C 近似为 u_1 的积分。通常称这种 $\tau \gg T_P$，且从电容 C 上输出的电路为"积分电路"。

习题二

一、填空题

1. 在直流电路中，稳态时电感元件可看作_____，电容元件可看作_____。

2. 电容器是一种可以存储_____的元件；电感线圈是一种可以存储_____的元件。

3. 电容属于动态元件，因为电流正比于_____；电感两端电压正比于_____。

4. 动态电路中的初始状态是指换路后瞬间电容的_____和电感的_____。

5. 当取关联参考方向时，电容元件的微分形式为_____，电感元件的微分形式为_____。

6. 在 RC 电路中，时间常数表达式为_____，在 RL 电路中，时间常数表达式为_____。

7. 一阶电路中，时间常数 τ 决定了_____的快慢，τ 越小，衰减_____。

8. 一阶电路完全响应由_____、_____和_____这三个参数确定。

9. 某一阶电路的零输入响应分量为 $u'_C(t) = 5e^{-\frac{t}{3}}$ V，零状态响应分量为 $u''_C(t) = 2(1 - e^{-\frac{t}{3}})$ V，则该电路的完全响应 $u_C(t) =$ _____ V。

10. 某一阶电路的零输入响应分量为 $u'_C(t) = 6e^{-\frac{t}{3}}$ V，零状态响应分量为 $u''_C(t) = 3(1 - e^{-\frac{t}{3}})$ V，则该电路的完全响应 $u_C(t) =$ _____ V。

11. 电阻元件上 u、i 的关系式为_____，称电阻元件为_____元件；电感元件上 u、i 的关系式为_____，称电感元件为_____元件；电容元件上 u、i 的关系式为_____，称电容元件为_____元件。由于电阻元件上只吸收_____功率,因此 R 又被称为_____元件;电感元件和电容元件只吸收_____功率,因此它们通常还被称为_____元件。

二、判断题

1. 在直流激励下,如果换路前电路已处于稳定状态,则电容视为开路,电感视为短路。 (　)
2. 由换路定则求出电容电流的初始值和电感电压的初始值。 (　)
3. 当电路中含有电感或电容这类储能元件时,电路从一个状态变化为另一个状态可瞬时完成。
(　)
4. 当电容两端的电压保持不变时,则通过它的电流为零。 (　)
5. 电感是一个动态元件。 (　)
6. 支路的接入与断开、电源的改变属于换路。 (　)
7. RC 电路的零状态响应中,电容电流是一个连续函数,电压在换路时发生跃变。 (　)
8. 一阶电路的完全响应为零输入响应与零状态响应的叠加。 (　)

三、选择题

1. 电路如图 2-1 所示,原电路已达稳态,$t=0$ 时开关闭合,则开关闭合后电容电压的初始值 $u_C(0_+)=(\quad)$,动态过程结束,电容的稳态电压 $u_C(\infty)=(\quad)$。
   A. $-2\,\mathrm{V}$　$2\,\mathrm{V}$ 　　　B. $2\,\mathrm{V}$　$-2\,\mathrm{V}$ 　　　C. $4\,\mathrm{V}$　$6\,\mathrm{V}$ 　　　D. $6\,\mathrm{V}$　$2\,\mathrm{V}$
2. 换路时下列哪些量是不能跃变的(　)。
   A. 电容电流　　　B. 电感电压　　　C. 电阻电压　　　D. 电容电压
3. 电路如图 2-2 所示,$t=0$ 时开关闭合,则开关闭合后电流 i 的时间常数 $\tau=(\quad)$。
   A. $\dfrac{L}{R_2}$ 　　　B. $\dfrac{L}{R_1}$ 　　　C. $\dfrac{L}{R_1+R_2}$ 　　　D. $\dfrac{L}{R_1 \mathbin{/\!/} R_2}$

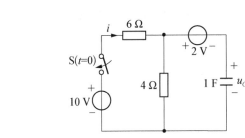

图 2-1

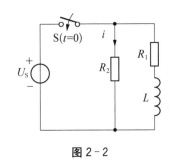

图 2-2

4. (　)具有隔断直流的作用。
   A. 电容　　　　B. 电感　　　　C. 电阻　　　　D. 电源
5. 换路定则中,完成换路,可用(　)代替电容,用(　)代替电感。
   A. 电流源　电压源　　B. 电阻　电流源　　C. 电压源　电流源　　D. 电压源　电阻
6. 常用的理想电路元件中,储存电场能量的元件是(　)。
   A. 电阻器　　　　B. 电感器　　　　C. 电容器　　　　D. 可调电阻
7. 电感两端的电压与(　)成正比。
   A. 电流的瞬时值　　B. 电流的平均值　　C. 电流的变化率　　D. 电流的积分

8. RLC 串联电路在 f_0 时发生谐振,当频率增加到 $2f_0$ 时,电路性质呈(　　)。

　A. 电阻性　　　　　　B. 电感性　　　　　　C. 电容性　　　　　　D. 无法判断

四、名词解释

1. 换路
2. 一阶电路
3. 零输入响应
4. 零状态响应
5. 暂态过程

五、计算题

1. 在图 2−3 所示电路中,$U_S=6\,V$、$R_1=2\,\Omega$、$R_2=4\,\Omega$,开关 S 闭合前电路已处于稳态。试确定开关 S 换路后电路中各电流的初始值,并用 MATLAB/Simulink 验证。

2. 在图 2−4 所示电路中,开关在 $t=0$ 时由"1"扳向"2",已知开关在"1"时电路已处于稳定状态,求 u_C、i_C、u_L 和 i_L 的初始值,并用 MATLAB/Simulink 验证。

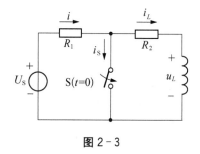

图 2−3

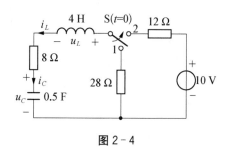

图 2−4

3. 在图 2−5 所示电路中,已知 $U_S=5\,V$,$I_S=5\,A$,$R=5\,\Omega$。开关 S 断开前电路已稳定。求开关 S 断开后 R、C、L 的电压与电流的初始值和稳态值,并用 MATLAB/Simulink 验证。

4. 在图 2−6 所示电路中,已知:$U_S=50\,V$、$R_1=R_2=5\,\Omega$、$R_3=20\,\Omega$,开关 S 闭合前电路已处于稳态,且 $i_L(0_-)=0$、$u_C(0_-)=0$。设 u_2 是 R_2 上的压降、u_3 是 R_3 上的压降、u_L 是电感 L 上的压降、u_C 是电容 C 上的压降。

(1) 试确定开关 S 闭合前电路各电量的值;

(2) 试确定开关 S 闭合后 $t=0_+$ 时电路各电量的值;

(3) 试确定 S 闭合后,电路稳定时各电量的值,并用 MATLAB/Simulink 验证。

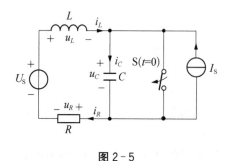

图 2−5

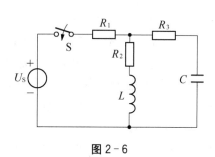

图 2−6

5. 换路前图 2-7 所示电路处于稳定状态，$t=0$ 时，开关 S 断开，试求零输入响应 $u_C(t)$、$i_C(t)$ 及 $u(t)$，并用 MATLAB/Simulink 验证。

6. 换路前图 2-8 所示电路处于稳定状态，$t=0$ 时开关断开，求换路后的 i_L 及 u，并用 MATLAB/Simulink 验证。

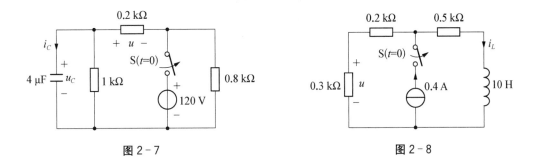

图 2-7　　　　　　　　　　图 2-8

7. 换路前图 2-9 所示电路处于稳定状态，$t=0$ 时开关闭合，求换路后电容电压 u_C 及电流 i，并用 MATLAB/Simulink 验证。

8. 换路前图 2-10 所示电路处于稳定状态，换路前电路已处于稳态，开关在 $t=0$ 时闭合，求 $t>0$ 时的 i_L 及 u，并用 MATLAB/Simulink 验证。

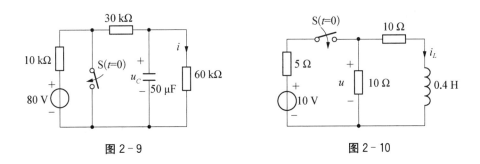

图 2-9　　　　　　　　　　图 2-10

9. 换路前图 2-11 所示电路处于稳定状态，$t=0$ 时开关断开，求换路后电容电压 u_C 及电流 i，并用 MATLAB/Simulink 验证。

10. 换路前图 2-12 所示电路处于稳定状态，开关断开时已达稳态，在 $t=0$ 时开关闭合，试用三要素法求 $t>0$ 时的电容电压 u_C 及电流 i，并用 MATLAB/Simulink 验证。

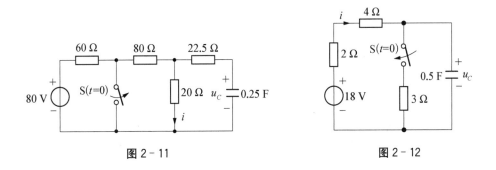

图 2-11　　　　　　　　　　图 2-12

11. 换路前图 2‒13 所示电路处于稳定状态，$t=0$ 开关闭合，求 $t>0$ 时的响应 u_C、i_L 及 i，并用 MATLAB/Simulink 验证。

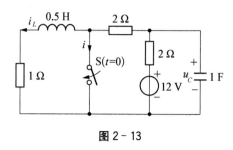

图 2‒13

第3章　正弦交流电路分析

在生产和生活中，交流电比直流电应用更广泛。最常用的交流电是正弦交流电。

正弦交流电：随时间按正弦规律做周期性变化的电压和电流的统称。

正弦交流电的优越性：在电能的产生、传输和使用上，交流电比直流电优越。交流发电机比直流发电机结构简单、效率高、价格低和维护方便。现代的电能几乎都是以交流电的形式产生，利用变压器可以实现交流电压的升高和降低，具有传输经济、控制方便和使用安全的特点。

本章主要对正弦交流电进行分析，重点研究不同参数和不同结构的电路在正弦交流电作用下电压 u 与电流 i 之间的关系及其相关应用。

3.1　正弦电压与电流

3.1.1　正弦量的三要素

正弦量瞬时值：正弦交流电在任一瞬时的值，用 u（电压）和 i（电流）表示。

正弦量波形图：正弦交流电随时间变化（时间历程）的波形曲线。

正弦量周期 T：正弦量变化一周所需的时间，单位为秒（s）。

正弦量频率 f：正弦量每秒变化的周数，$f = 1/T$，单位为赫兹（Hz）。

正弦量随时间按正弦规律做周期变化，其瞬时值的表达式为 $a = A\sin(\omega t + \theta)$，波形曲线如图3.1.1所示。

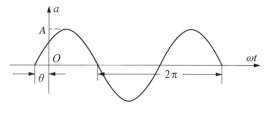

图 3.1.1　正弦量波形曲线图

1. 正弦量的三要素

上述正弦量数学表达式由幅值 A、角频率 ω 与初相位 θ 三个要素组成，它们是区别不同正弦量的依据，只要知道这三个量就可以确定正弦量的表达式与波形图，因而被称为正弦量的三要素。

（1）幅值 A

幅值也称最大值，是指正弦量的最大瞬时值，决定正弦量的大小。

（2）角频率 ω

角频率是指正弦交流电在 1 s 内变化的电角度。正弦量每经过一个周期 T 对应的角度变化了 2π，故 $\omega = \dfrac{2\pi}{T} = 2\pi f$，单位为弧度每秒（rad/s）。

频率、周期和角频率都是说明正弦交流电变化快慢的物理量，只要知道其中一个便可求出其他两个量。

（3）初相位 θ

初相位 θ 指正弦量在计时起点时刻的相位，$(\omega t + \theta)|_{t=0}$ 决定正弦量起始位置。

2. 正弦交流电的电压和电流表达式

电压瞬时值表达式为

$$u = U_{\mathrm{m}}\sin(\omega t + \theta_u) \tag{3.1.1}$$

电流瞬时值表达式为

$$i = I_{\mathrm{m}}\sin(\omega t + \theta_i) \tag{3.1.2}$$

3.1.2 有效值与相位差

除了以上三要素，正弦量还有两个重要的参数：有效值与相位差。

1. 有效值

有效值指的是相同的电阻上分别通过直流电和交流电，经过一个交流周期的时间，若两者在电阻上所消耗的电能相等，则称该直流电大小是交流电有效值，用大写字母 I、U 表示。

电流有效值的计算：

$$I = \sqrt{\frac{1}{T}\int_0^T i^2 \mathrm{d}t} = \frac{I_{\mathrm{m}}}{\sqrt{2}} = 0.707 I_{\mathrm{m}} \tag{3.1.3}$$

同理，电压有效值的计算：

$$U = \frac{U_{\mathrm{m}}}{\sqrt{2}} = 0.707 U_{\mathrm{m}} \tag{3.1.4}$$

正弦交流电的幅值等于有效值的 $\sqrt{2}$ 倍。

交流电压表、交流电流表测量的数据和交流设备铭牌标注的电压、电流均为有效值，常说的市电 220 V 也是有效值。

2. 相位差

相位差指的是同频正弦量相位之间的差值。

如 $u = U_{\mathrm{m}}\sin(\omega t + \theta_u)$，$i = I_{\mathrm{m}}\sin(\omega t + \theta_i)$，两者之间相位差为

$$\varphi = (\omega t + \theta_u) - (\omega t + \theta_i) = \theta_u - \theta_i \tag{3.1.5}$$

如果 $\varphi > 0$，称 u 超前 i，或 i 滞后 u，如图 3.1.2 所示。

如果 $\varphi < 0$，称 i 超前 u，或 u 滞后 i，如图 3.1.3 所示。

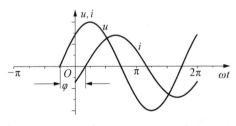

图 3.1.2　u 超前 i

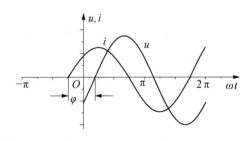

图 3.1.3　u 滞后 i

如果 $\varphi = \pm 90°$，则电压与电流正交，如图 3.1.4 所示。

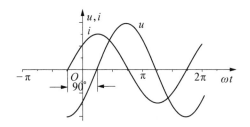

图 3.1.4　电流超前电压 90°

如果 $\varphi = 0°$，电压与电流同相，如图 3.1.5 所示。

如果 $\varphi = \pm 180°$，电压与电流反相，如图 3.1.6 所示。

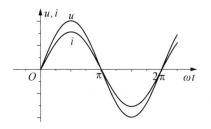

图 3.1.5　电压与电流同相

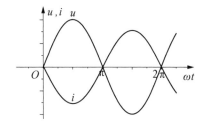

图 3.1.6　电压与电流反相

正弦交流电 $U = 5\sin(2t + 60°)\,\mathrm{V}$，其中幅值（最大值）$U_\mathrm{m} = 5\,\mathrm{V}$、有效值 $U = 3.535\,\mathrm{V}$、角频率 $\omega = 2\,\mathrm{rad/s}$、初相位 $\theta = 60°$，用 MATLAB 绘制正弦交流电的波形曲线。MATLAB 程序如下：

```
t=0: pi/50: 4 * pi;              % 曲线作图的时间范围
Am=5;w=2;u=pi/3;                 % 赋初值
U=Am * sin(w * t+u);            % 正弦交流电表达式
plot(t,U,'—.k');                 % 画图命令
title('正弦函数图形');            % 标题
xlabel('t');ylabel('U');         % 横坐标、纵坐标
gtext('U=5 * sin(2 * t+60°)');   % 标注图中数学表达式
```

程序运行结果如图 3.1.7 所示。

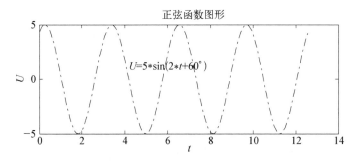

图 3.1.7　正弦函数波形曲线

3.2 正弦量的相量表示

3.2.1 正弦量相量表示法

1. 正弦量的三种表示方法

（1）波形图（图 3.2.1）

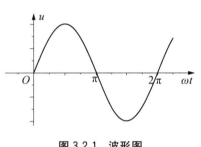

图 3.2.1 波形图

（2）瞬时值表达式

$$u = U_m \sin(\omega t + \theta_u) \qquad (3.2.1)$$

（3）相量表达式

$$\dot{U} = U \angle \theta \qquad (3.2.2)$$

由于科学发展的早期没有计算机，结果导致前两种表示方法不便于运算，因而电工学中常常应用相量表示法来进行设计计算。

2. 复数（相量）

复数常见的表达形式：代数形式、三角函数形式、指数形式、极坐标形式。

（1）代数形式

$A = a + jb$，$j = \sqrt{-1}$ 为虚数单位，a 为实部，b 为虚部。采用复数坐标，实轴与虚轴构成的平面称为复平面，如图 3.2.2 所示。

复数的模：

$$|A| = \sqrt{a^2 + b^2} \qquad (3.2.3)$$

$$a = |A| \cos\theta \qquad (3.2.4)$$

$$b = |A| \sin\theta \qquad (3.2.5)$$

$$\theta = \arctan \frac{b}{a} \qquad (3.2.6)$$

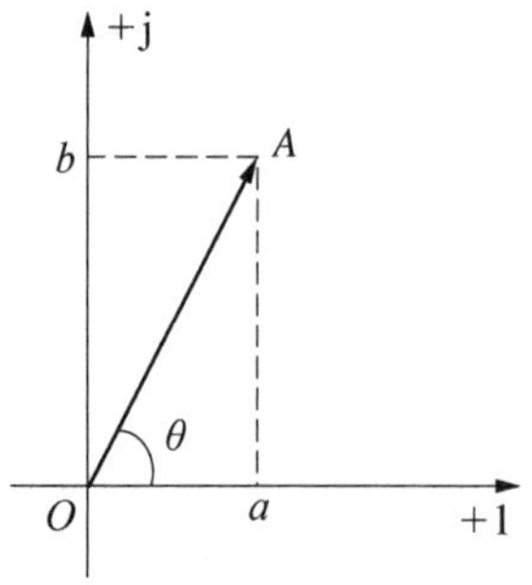

图 3.2.2 复平面

（2）三角函数形式

$$A = |A|(\cos\theta + j\sin\theta) \qquad (3.2.7)$$

（3）指数形式

$$A = |A| e^{j\theta} \qquad (3.2.8)$$

（4）极坐标形式

$$A = |A| \angle \theta \qquad (3.2.9)$$

3. 正弦量与复数

在平面坐标上的一个旋转矢量可以表示出正弦量，如图 3.2.3 所示。

矢量长度等于 U_m，$t = 0$ 时矢量与横轴夹角等于初相位 θ，矢量以角速度 ω 按逆时针方向旋转，旋转矢量每一瞬时在纵轴上的投影即表示相应时刻正弦量的瞬时值。

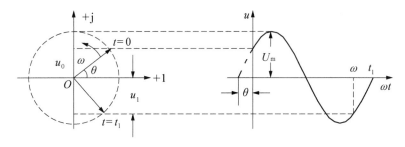

图 3.2.3　旋转矢量与正弦波波形

正弦交流电瞬时值可用静止矢量表示,静止矢量置于复平面就是复数,因此,正弦交流电也可用复数直接表示。

4. 相量

为了与一般的复数区别,用来表示正弦量的复数被称为正弦量的相量。

书写方式:用大写字母上面加圆点"·"来表示,如交流电 $u = U_m \sin(\omega t + \theta)$,其相量可表示如下:

有效值相量:

$$\dot{U} = U \underline{/\theta} \tag{3.2.10}$$

幅值相量:

$$\dot{U}_m = U_m \underline{/\theta} \tag{3.2.11}$$

例如,已知 $u = 220\sin(\omega t + 45°)\text{V}$,则:

$$\dot{U}_m = 220\text{e}^{\text{j}45°}\ \text{V}$$

$$\dot{U} = \frac{220}{\sqrt{2}}\text{e}^{\text{j}45°}\ \text{V}$$

在数学计算中,正弦交流电借用相量形式,简化运算,相量只是表示正弦量,而不等于正弦量,因为正弦量是时间 t 的函数,而相量与时间 t 无关。只有正弦量才能用相量表示,非正弦量不能用相量表示。

在研究多个同频率正弦交流电的关系时,按正弦量的大小和相位关系用初始位置的有向线段画出若干个相量的图形,称为相量图。只有同频率的正弦量才能画在同一相量图上。

【例 3.2.1】 已知 $i_1 = 8\sqrt{2}\sin(\omega t + 60°)(\text{V})$、$i_2 = 6\sqrt{2}\sin(\omega t - 30°)(\text{V})$,试用相量表达式表达两个电流并画出相量图。

解　(1) 相量表达式

$$\dot{I}_1 = 8\underline{/60°}\ (\text{A}); \qquad \dot{I}_2 = 6\underline{/-30°}\ (\text{A})$$

(2) 相量图如图 3.2.4 所示。

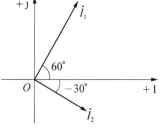

图 3.2.4　【例 3.2.1】相量图

3.2.2　基尔霍夫定律的相量表示

基尔霍夫定律不仅适用于直流电路,对于随时间变化的电压与电流,在任何瞬间都是适用的。基尔霍夫电流定律和基尔霍夫电压定律的一般形式：

$$\sum i(t)=0$$

$$\sum u(t)=0$$

在正弦交流电路中，各个电压与电流都是同频率的正弦量，基尔霍夫定律的相量形式如下：

KCL 相量表示：

$$\sum \dot{I}=0 \tag{3.2.12}$$

KVL 相量表示：

$$\sum \dot{U}=0 \tag{3.2.13}$$

【例 3.2.2】 电路如图 3.2.5 所示，已知 $i_S=5\sqrt{2}\sin t$(A)，$i_2=4\sqrt{2}\sin(t-45°)$(A)，求 i_1。

解 将电流的瞬时值形式写成相量形式：

$$\dot{I}_S=5\underline{/0°}\,(A)；\quad \dot{I}_2=4\underline{/-45°}\,(A)$$

根据 KCL 得：

$$i_S=i_1+i_2$$

列出相量形式的 KCL 方程：

$$-\dot{I}_S+\dot{I}_1+\dot{I}_2=0$$

解得：

$$\dot{I}_1=\dot{I}_S-\dot{I}_2=5\underline{/0°}-4\underline{/-45°}=5-(2\sqrt{2}-2\sqrt{2}\mathrm{j})$$
$$=2.17+2.83\mathrm{j}=3.566\underline{/52.5°}\,(A)$$

由相量形式写成瞬时值表达式：

$$i_1=3.566\sqrt{2}\sin(t+52.5°)(A)$$

画出相量图，如图 3.2.6 所示。

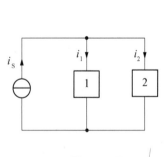

图 3.2.5 【例 3.2.2】图

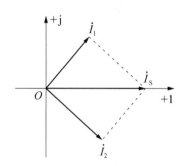

图 3.2.6 【例 3.2.2】相量图

正弦交流电路中的电压、电流有效值不符合基尔霍夫定律，因为有效值只能反映各量间的大小关系，不能反映相位关系。

3.3 单一参数的交流电路

元件在直流电路与交流电路中会表现出不同的特性，最简单的交流电路是由电阻、电感、电容单个元件组成的。

单一参数的交流电路：电路元件仅由 R、L、C 三个参数中的一个来表征其特性。

MATLAB/Simulink 仿真对于交流电学习来说意义重大，它可以方便地用图形直观地表达电压和电流波形曲线。本节用它来分别研究电阻、电感与电容在正弦交流电路中的特性。

3.3.1　电阻电路

仅有电阻参数的交流电路，如图 3.3.1 所示，u 为正弦交流电。

正弦电路中，根据欧姆定律，电阻电压与电流的关系为 $u = iR$。

设 $u = U_m \sin \omega t$，则：

$$i = \frac{u}{R} = \frac{U_m \sin \omega t}{R} = \frac{\sqrt{2}U}{R} \sin \omega t$$

$$= I_m \sin \omega t = \sqrt{2} I \sin \omega t \tag{3.3.1}$$

可知，电阻电压与电流之间的关系如下：

(1) 频率相同；

(2) 大小关系：$I = \dfrac{U}{R}$；

(3) 相位关系：u、i 相位相同。

电阻电路中，电压与电流的关系用相量表示为 $\dot{U} = R\dot{I}$，相量模型如图 3.3.2 所示。

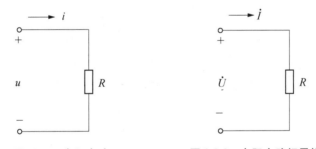

图 3.3.1　电阻电路　　　　　　图 3.3.2　电阻电路相量模型

在正弦交流电阻电路中，电压与电流波形图如图 3.3.3(a) 所示，相量图如图 3.3.3(b) 所示。

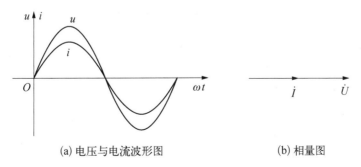

(a) 电压与电流波形图　　　　　　(b) 相量图

图 3.3.3　正弦交流电阻电路中电压与电流之间关系

【例 3.3.1】 将阻值 $R = 5\,\Omega$ 的电阻置于电压为 $u = 10\sin(2\pi \cdot 50t)\,(\text{V})$ 的正弦交流电中,如图 3.3.4(a)所示,并用 MATLAB/Simulink 搭建电阻电路仿真模型,如图 3.3.4(b)所示,其中电阻两端的电压与电流波形曲线如图 3.3.5 所示。

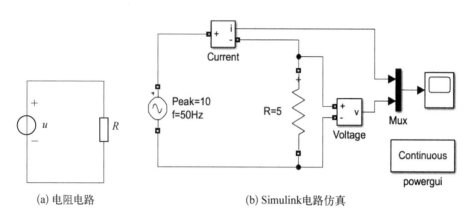

(a) 电阻电路　　　　　　　　　　(b) Simulink电路仿真

图 3.3.4　电阻电路的 Simulink 电路仿真(程序 zhenxian1)

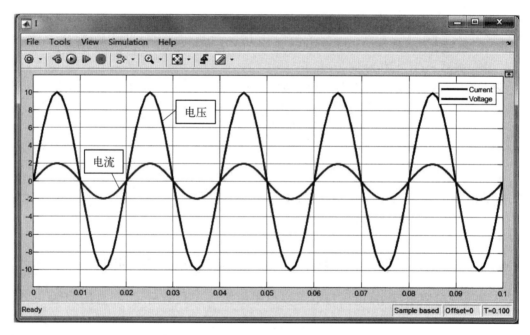

图 3.3.5　电路中电阻两端电压与电流波形曲线

由图 3.3.5 可见,电阻在交流电中,其两端电压与电流的关系如下:

(1) $u = iR \rightarrow i = 2\sin(100\pi t)\,(\text{A})$;

(2) 电压与电流频率相同;

(3) 电压与电流同相。

3.3.2　电感电路

图 3.3.6 为仅有电感参数的交流电路,u 为正弦交流电。

正弦电路中电感电压与电感电流之间的关系：$u = L\dfrac{\mathrm{d}i}{\mathrm{d}t}$

设 $i = I_{\mathrm{m}}\sin\omega t$，则：

$$u = L\frac{\mathrm{d}(I_{\mathrm{m}}\sin\omega t)}{\mathrm{d}t} = \omega L I_{\mathrm{m}}\sin(\omega t + 90°) = \sqrt{2}\,U\sin(\omega t + 90°)\quad(3.3.2)$$

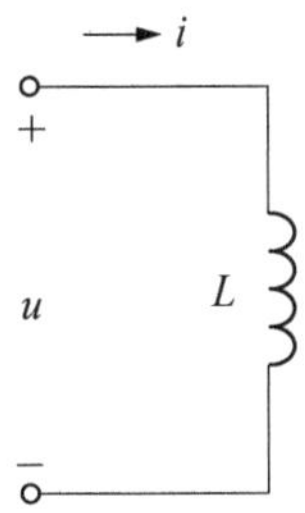

由式(3.3.2)可知，电感电压与电流：

(1) 频率相同；

图 3.3.6　电感电路

(2) 大小关系为 $U = \omega L I$，其中定义

$$\omega L = X_L = 2\pi f L\qquad(3.3.3)$$

则 $U = X_L I$。其中 X_L 称为电感电抗(简称"感抗")，单位为欧姆(Ω)，起阻碍电流通过的作用。

(3) 相位关系：电压超前电流 90°。

根据式(3.3.3)可知，在直流电路中，直流频率 $f = 0$，$X_L = 0$，电感 L 视为短路；在交流电路中，随着频率的增加，感抗增大，对电流阻碍作用增加，所以电感 L 具有"通直阻交"的作用。

用相量形式写出电感电压与电流之间的关系：$\dot{U} = \mathrm{j}\omega L\dot{I} = \mathrm{j}X_L\dot{I}$。其相量模型如图 3.3.7 所示。

当电感电路在正弦交流电作用下，电感两端电压与电流波形图如图 3.3.8(a)所示，相量图如图 3.3.8(b)所示。

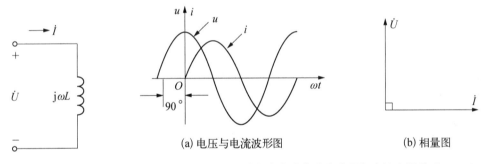

图 3.3.7　电感电路相量模型

(a) 电压与电流波形图

(b) 相量图

图 3.3.8　正弦交流电感电路中电压与电流之间关系

【**例 3.3.2**】　将电感值为 $L = 1\,\mathrm{mH}$ 的两端通入电压为 $u = 20\sin(2\pi \cdot 50t)\,(\mathrm{V})$，如图 3.3.9(a)所示，用 MATLAB/Simulink 建立电感电路仿真模型，如图 3.3.9(b)所示，其中电感两端的电压与电流波形曲线如图 3.3.10 所示。

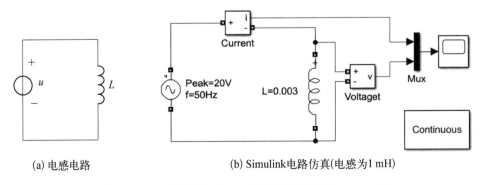

(a) 电感电路

(b) Simulink电路仿真(电感为1 mH)

图 3.3.9　电感电路的 Simulink 电路仿真(程序 zhenxian2)

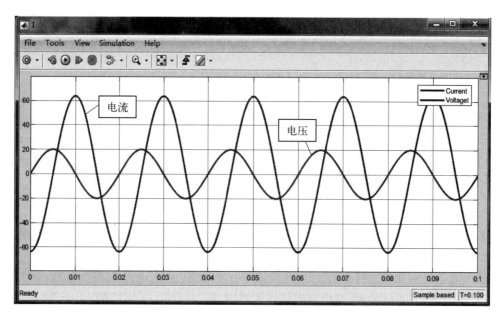

图 3.3.10　电路中电感两端电压与电流波形曲线

根据电感两端的伏安特性以及图 3.3.10 仿真模型中电感两端电压与电流波形可知,其两端电压与电流的关系如下:

(1) $u = L\dfrac{\mathrm{d}i}{\mathrm{d}t} \rightarrow i = 63.69\sin(100\pi t - 90°)\,(\mathrm{A})$,其中电压与电流有效值的关系为 $U = \omega L I = X_L I$, X_L 为感抗;

(2) 电压与电流频率相同;

(3) 电压超前于电流 $90°$。

3.3.3　电容电路

图 3.3.11 为仅有电容参数的交流电路,u 为正弦交流电。

正弦电路中电容电压与电流的关系:

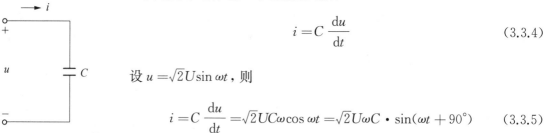

$$i = C\frac{\mathrm{d}u}{\mathrm{d}t} \tag{3.3.4}$$

设 $u = \sqrt{2}U\sin\omega t$,则

$$i = C\frac{\mathrm{d}u}{\mathrm{d}t} = \sqrt{2}UC\omega\cos\omega t = \sqrt{2}U\omega C \cdot \sin(\omega t + 90°) \tag{3.3.5}$$

图 3.3.11　电容电路

由式(3.3.5)可知,电容电压与电流有如下关系:

(1) 频率相同;

(2) 大小关系:$U = \dfrac{1}{\omega C}I$,其中定义

$$\frac{1}{\omega C} = X_C = \frac{1}{2\pi f C} \tag{3.3.6}$$

X_C 称为电容电抗(简称"容抗"),单位为欧姆(Ω),起阻碍电流通过的作用,则:

$$U = IX_C \tag{3.3.7}$$

(3) 相位关系:电流超前电压 $90°$。

根据式(3.3.6)可知,在直流电路中,由于 $f=0$,即 $X_C \to \infty$,电容 C 视为开路;在交流电路中,随着频率升高,容抗逐渐降低,对电流阻碍能力降低,所以电容 C 具有"隔直通交"的作用。

用相量形式写出电容电压与电流之间的关系:

$$\dot{U} = -jX_C \dot{I} = \frac{1}{j\omega C} \dot{I} \tag{3.3.8}$$

其相量模型如图 3.3.12 所示。

当电容电路在正弦交流电作用下,电压与电流波形曲线如图 3.3.13(a)所示,相量图如图 3.3.13(b)所示。

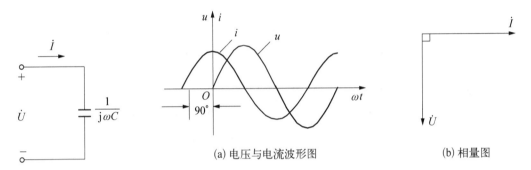

图 3.3.12　电容电路相量模型　　　　(a) 电压与电流波形图　　　　(b) 相量图

图 3.3.13　正弦交流电容电路中电压与电流之间关系

【例 3.3.3】　将电容值为 $C=0.02\,\mathrm{F}$ 的电容两端通入电压为 $u = 10\sin(2\pi \cdot 50t)\,(\mathrm{V})$,如图 3.3.14(a)所示。用 MATLAB/Simulink 建立电容电路仿真模型,如图 3.3.14(b)所示,其中电容两端的电压与电流波形如图 3.3.15 所示。仿真时,由于电容的储能作用,电容两端电压不能突变,因此仿真模型中电容不能直接与电源并联,为了分析电容在正弦交流电路中的特性,将电容与电阻阻值为 $R=0.001\,\Omega$ 的小电阻串联后再与电源并联。

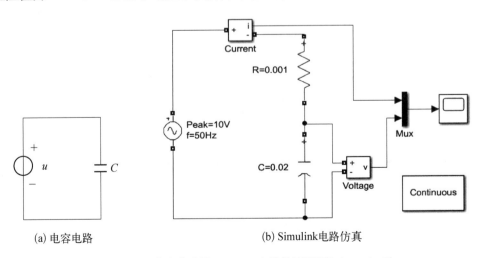

(a) 电容电路　　　　　　　　(b) Simulink电路仿真

图 3.3.14　电容电路的 Simulink 电路仿真(程序 zhengxian3)

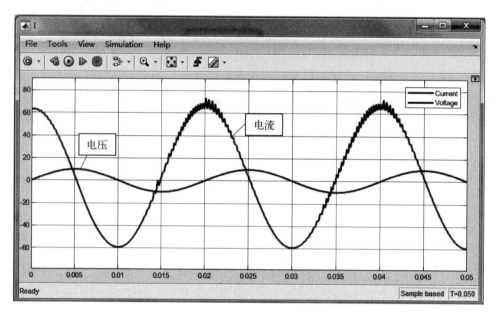

图 3.3.15 电路中电容两端电压与电流波形曲线

电容两端串联的小电阻阻值很小,所以对仿真结果影响不大,根据电容两端的伏安特性以及图 3.3.15 仿真模型中电容两端电压与电流波形可知,其两端电压与电流的关系如下:

(1) $i = C\dfrac{\mathrm{d}u}{\mathrm{d}t} \rightarrow i = 62.8\cos(100\pi t)(\mathrm{A})$,其中电压与电流有效值关系为 $U = \dfrac{1}{\omega C}I = X_C I$,$X_C$ 为容抗;

(2) 电压与电流频率相同;

(3) 电流超前于电压 90°。

综上所述,单一参数电路中的基本关系如表 3.3.1 所示。

表 3.3.1 单一参数电路中的基本关系

参数	阻　抗	基本关系	相量式	相　量　图
R	R	$u = iR$	$\dot{U} = \dot{I}R$	$\dot{I} \qquad \dot{U}$
L	$\mathrm{j}X_L = \mathrm{j}\omega L$	$u = L\dfrac{\mathrm{d}i}{\mathrm{d}t}$	$\dot{U} = \mathrm{j}X_L\dot{I}$	$\dot{U}$ ⊥ $\dot{I}$
C	$-\mathrm{j}X_C = -\mathrm{j}\dfrac{1}{\omega C}$	$i = C\dfrac{\mathrm{d}u}{\mathrm{d}t}$	$\dot{U} = -\mathrm{j}X_C\dot{I}$	$\dot{I}$ ⊥ $\dot{U}$

3.4　正弦电路中的 RLC 串联电路

实际电路一般都是由几种理想元件组成的,研究含有几个参数的电路更有实际意义,RLC 串联电路是一种典型电路,如图 3.4.1 所示。

RLC 串联交流电路中参数计算如下:

(1) 瞬时值表达式

设 $i = \sqrt{2} I \sin \omega t$,则:

$$u_R = \sqrt{2} R I \sin(\omega t), \quad u_L = \sqrt{2} \omega L I \sin(\omega t + 90°),$$

$$u_C = \sqrt{2} \frac{1}{\omega C} I \sin(\omega t - 90°)$$

根据 KVL 可得:

$$u = u_R + u_L + u_C$$

$$u = \sqrt{2} R I \sin \omega t + \sqrt{2} \omega L I \sin(\omega t + 90°) + \sqrt{2} \frac{1}{\omega C} I \sin(\omega t - 90°) \tag{3.4.1}$$

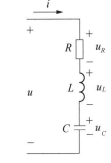

图 3.4.1　RLC 串联电路

(2) 相量表达式

设 $\dot{I} = I \angle 0°$,则:

$$\dot{U}_R = R\dot{I}, \quad \dot{U}_L = jX_L\dot{I}, \quad \dot{U}_C = -jX_C\dot{I}$$

根据 KVL 可得:

$$
\begin{aligned}
\dot{U} &= \dot{U}_R + \dot{U}_L + \dot{U}_C = R\dot{I} + jX_L\dot{I} - jX_C\dot{I} \\
&= [R + j(X_L - X_C)]\dot{I} = (R + jX)\dot{I} \\
&= Z\dot{I}
\end{aligned}
\tag{3.4.2}
$$

根据式(3.4.2)可画出 RLC 串联电路相量图,如图 3.4.2 所示。

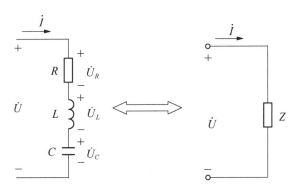

图 3.4.2　RLC 串联电路相量图

RLC 串联电路相量表达式中, $Z = R + j(X_L - X_C)$ 为复阻抗(简称"阻抗"),实部为电阻,虚部为电抗。阻抗是复数,但不是表示正弦量,故大写字母上面不加"·"。其中,电抗为 $X =$

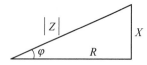

图 3.4.3　阻抗三角形

$X_L - X_C$，是感抗与容抗之差，单位为欧姆（Ω）。R、X、$|Z|$ 三者之间关系在相量图中可构成直角三角形，称为阻抗三角形，如图 3.4.3 所示。

复阻抗的模：

$$|Z| = \frac{U}{I} = \sqrt{R^2 + (X_L - X_C)^2} \tag{3.4.3}$$

复阻抗的模等于电压有效值与电流有效值之比。

复阻抗的辐角称为阻抗角：

$$\varphi = \arctan \frac{X}{R} \tag{3.4.4}$$

复阻抗的相量表示如下：

$$Z = \frac{\dot{U}}{\dot{I}} = \frac{U}{I} \angle \varphi \tag{3.4.5}$$

$$\varphi = \theta_u - \theta_i \tag{3.4.6}$$

根据 RLC 串联电路相量表达式，可画出总电压与各元件电压相量图，如图 3.4.4 所示。

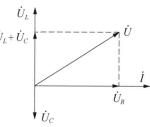

图 3.4.4　RLC 串联电路电压相量图

由电压相量图可知：

(1) 当 $X_L > X_C$ 时，$X > 0$，$\varphi > 0$，u 超前 i，电路呈感性；

(2) 当 $X_L < X_C$ 时，$X < 0$，$\varphi < 0$，u 滞后 i，电路呈容性；

(3) 当 $X_L = X_C$ 时，$X = 0$，$\varphi = 0$，u 与 i 同相，电路呈电阻性。

根据 R、L、C 每个元件在正弦电源中的特性，可计算出当 R、L、C 串联在一起时的电路参数。

【例 3.4.1】　在图 3.4.5(a)所示 RLC 串联电路中，电源为交流电 $u = 50\sqrt{2}\sin(400t)$（V），其中电源幅值为 $50\sqrt{2}$，频率 $f = \dfrac{200}{\pi}$ Hz，在 RLC 串联支路中，电阻 $R = 15\ \Omega$、电感 $L = 15 \times 10^{-3}$ H、电容 $C = 5 \times 10^{-6}$ F，求 u_R、u_L、u_C，并用 MATLAB/Simulink 绘出电压、电流波形曲线图。

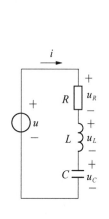 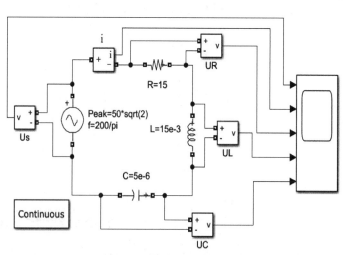

(a) RLC串联电路　　　　(b) Simulink电路仿真(程序RLC)

图 3.4.5　RLC 串联电路 Simulink 电路仿真

解 角频率 $\omega = 2\pi f = 400$ rad/s、感抗 $X_L = \omega L = 6\ \Omega$、容抗 $X_C = 1/\omega C = 500\ \Omega$，则电流：

$$i = \frac{u}{R + j(X_L - X_C)} = 0.14\sin(400t + 88.26°)(A)$$

电阻电压降： $$u_R = iR = 2.1\sin(400t + 88.26°)(V)$$

电感电压降： $$u_L = L\frac{di}{dt} = 0.84\sin(400t + 178.29°)(V)$$

电容电压降： $$u_L = \frac{I\sqrt{2}}{\omega C}\sin(\omega t + \theta_i - 90°) = 70\sin(400t - 1.74°)(V)$$

根据图 3.4.5(a) 所示 RLC 串联电路建立如图 3.4.5(b) 所示仿真模型，仿真模型中各元件电压、电流波形曲线如图 3.4.6 所示。根据波形图中每个元件两端电压与电流的关系，进一步验证了 R、L、C 元件在正弦交流电中的伏安特性关系。

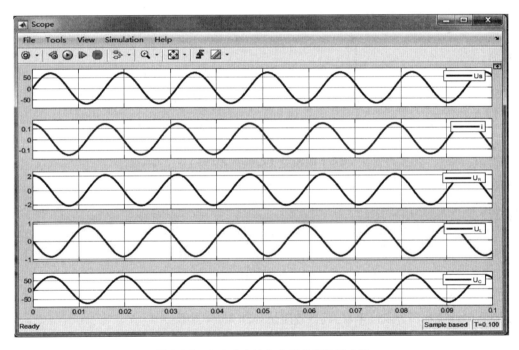

图 3.4.6　RLC 中电流与电压仿真波形曲线

3.5　正弦稳态交流电路分析

直流电阻电路的分析方法及定律可以完全用到正弦稳态交流电路的分析中来，在学习正弦稳态交流电路分析之前，要先了解直流电路与正弦稳态交流电路的几个对应关系，如图 3.5.1 所示。

直流电路		正弦稳态交流电路
电阻 R	⟷	阻抗 Z
电压 U	⟷	电压相量 $\dot{U}$
电流 I	⟷	电流相量 $\dot{I}$

图 3.5.1　直流电路与正弦稳态交流电路的对应关系

3.5.1 阻抗的串联

本节的分析方法和结论与直流电阻电路串联很类似,阻抗的串联如图 3.5.2 所示。
根据 KVL 可知:

$$\dot{U} = \dot{U}_1 + \dot{U}_2$$

$$Z = Z_1 + Z_2$$

$$\dot{I} = \frac{\dot{U}}{Z}$$

Z 称为等效阻抗,可得串联阻抗等效电路图,如图 3.5.3 所示。

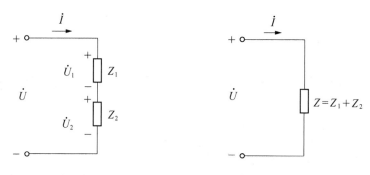

图 3.5.2　阻抗的串联　　　　　　　图 3.5.3　串联的等效阻抗

两个阻抗串联,其等效阻抗为两个阻抗之和,但 $|Z| \neq |Z_1| + |Z_2|$。
两个阻抗串联的分压公式如下:

$$\dot{U}_1 = \frac{Z_1}{Z_1 + Z_2} \dot{U} \tag{3.5.1}$$

$$\dot{U}_2 = \frac{Z_2}{Z_1 + Z_2} \dot{U} \tag{3.5.2}$$

图 3.5.4(a)表示多个阻抗串联,其等效阻抗如图 3.5.4(b)所示。

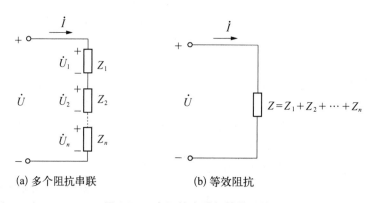

(a) 多个阻抗串联　　　　　　　　(b) 等效阻抗

图 3.5.4　多阻抗串联与等效阻抗

其等效阻抗计算如下：

$$Z = Z_1 + Z_2 + \cdots + Z_n \tag{3.5.3}$$

对应的分压公式为

$$\dot{U}_K = \frac{Z_K}{\sum\limits_{i=1}^{n} Z_i} \dot{U} = \frac{Z_K}{Z} \dot{U} \tag{3.5.4}$$

其中，分电压可以大于总电压。

3.5.2 阻抗的并联

阻抗的并联如图 3.5.5 所示。

根据 KCL 可知：

$$\dot{I} = \dot{I}_1 + \dot{I}_2 = \frac{\dot{U}}{Z_1} + \frac{\dot{U}}{Z_2} = \left(\frac{1}{Z_1} + \frac{1}{Z_2} \right) \dot{U}$$

$$\frac{1}{Z} = \frac{1}{Z_1} + \frac{1}{Z_2}$$

$$Z = \frac{Z_1 Z_2}{Z_1 + Z_2} \tag{3.5.5}$$

Z 称为等效阻抗，可得并联阻抗等效电路图，如图 3.5.6 所示。

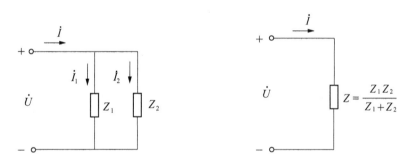

图 3.5.5　阻抗的并联　　　　　图 3.5.6　并联的等效阻抗

两个阻抗并联的分流公式如下：

$$\dot{I}_1 = \frac{Z_2}{Z_1 + Z_2} \dot{I} \tag{3.5.6}$$

$$\dot{I}_2 = \frac{Z_1}{Z_1 + Z_2} \dot{I} \tag{3.5.7}$$

为了方便计算，引入导纳的概念：

$$Y = \frac{1}{Z} \tag{3.5.8}$$

式中，Y 为等效导纳，复阻抗的倒数称为复导纳，简称导纳，单位为西门子(S)。

当并联支路较多时，应用导纳计算比用阻抗计算要简单，例如有 n 个阻抗并联时：

$$\frac{1}{Z} = \frac{1}{Z_1} + \frac{1}{Z_2} + \cdots + \frac{1}{Z_n}$$

根据式(3.5.8)转换为导纳计算，得：

$$Y = Y_1 + Y_2 + \cdots + Y_n \tag{3.5.9}$$

3.5.3 正弦稳态电路分析

直流电路的分析方法，例如支路电流法、叠加定理、戴维南定理和诺顿定理等，同样适用于正弦稳态电路。

一般正弦交流电路的解题步骤如下：

(1) 根据原电路图画出相量模型图，电路结构不变；

$$R \rightarrow R \text{、} L \rightarrow jX_L \text{、} C \rightarrow -jX_C$$
$$u \rightarrow \dot{U} \text{、} i \rightarrow \dot{I}$$

(2) 根据相量模型列出相量方程式或画相量图；

(3) 用相量法或相量图求解；

(4) 将结果变换成要求的形式。

【例 3.5.1】 已知电路图如图 3.5.7(a)所示，$u_S = 5\sqrt{2}\sin(50t + 30°)(\text{V})$，利用支路电流法求该电路的各支路电流。

解 (1) 画出相量模型，如图 3.5.7(b) 所示。

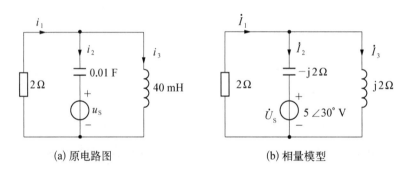

(a) 原电路图   (b) 相量模型

图 3.5.7 【例 3.5.1】电路图

(2) 由 KCL 和 KVL 得相量方程式：

$$\begin{cases} -\dot{I}_1 + \dot{I}_2 + \dot{I}_3 = 0 \\ 2\dot{I}_1 - j2\dot{I}_2 + 5\angle 30° = 0 \\ 2\dot{I}_1 + j2\dot{I}_3 = 0 \end{cases}$$

(3) 用相量法解得：

$$\begin{cases} \dot{I}_1 = 2.5\angle{-60°}\ (\text{A}) \\ \dot{I}_2 = 3.54\angle{-105°}\ (\text{A}) \\ \dot{I}_3 = 2.5\angle{30°}\ (\text{A}) \end{cases}$$

（4）将结果变换成三角函数形式：

$$i_1(t) = 2.5\sqrt{2}\sin(50t - 60°)(\text{A})$$

$$i_2(t) = 3.54\sqrt{2}\sin(50t - 105°)(\text{A})$$

$$i_3(t) = 2.5\sqrt{2}\sin(50t + 30°)(\text{A})$$

3.6　正弦电路的功率

由于交流电的大小和方向都随时间而变化，因此正弦电路中的功率计算问题比直流电路中的要复杂得多。

3.6.1　瞬时功率

设无源单口网络的电压、电流参考方向如图 3.6.1 所示，其正弦电流、电压分别为

$$i = \sqrt{2}I\sin(\omega t + \theta_i)$$

$$u = \sqrt{2}U\sin(\omega t + \theta_u)$$

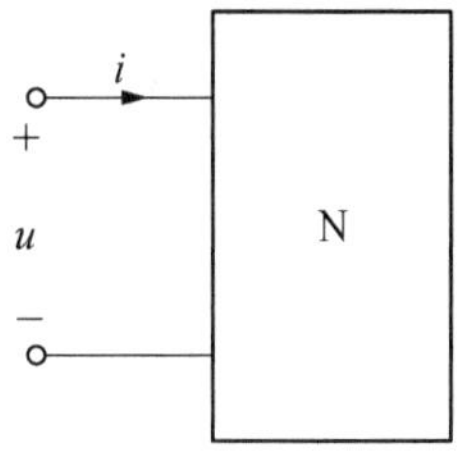

瞬时功率计算如下：

$$
\begin{aligned}
p(t) &= ui = 2UI\sin(\omega t + \theta_u)\sin(\omega t + \theta_i) \\
&= \underbrace{UI\cos\varphi}_{\text{恒定分量}} - \underbrace{UI\cos(2\omega t + \theta_u + \theta_i)}_{\text{正弦分量}}
\end{aligned}
$$

图 3.6.1　单口网络

瞬时功率由两部分组成：恒定分量 $UI\cos\varphi$ 和正弦分量 $UI\cos(2\omega t + \theta_u + \theta_i)$，且正弦分量的频率为电源电压频率的两倍。

3.6.2　有功功率

有功功率，也称平均功率，是瞬时功率在一个周期内的平均值。用大写字母 P 表示，单位为瓦（W）或千瓦（kW），其表达式如下：

$$
\begin{aligned}
P &= \frac{1}{T}\int_0^T p\,\mathrm{d}t = \frac{1}{T}\int_0^T [UI\cos\varphi - UI\cos(2\omega t + \theta_u + \theta_i)]\mathrm{d}t \\
&= UI\cos\varphi = UI\lambda
\end{aligned}
\tag{3.6.1}
$$

其中，φ 为电压与电流的相位差角，$\varphi = \theta_u - \theta_i$，也称为功率因数角；$\lambda$ 为功率因数，$\lambda = \cos\varphi$。由式（3.6.1）可以看出，有功功率是瞬时功率中的恒定分量，是一个与时间无关的量，表示该网络实际消耗的电能，瞬时功率与有功功率波形如图 3.6.2 所示。

电阻元件有功功率：

$$\varphi = 0,\ \cos\varphi = 1,\ P = UI\cos\varphi = UI = \frac{U^2}{R} = I^2 R \tag{3.6.2}$$

电感元件有功功率：

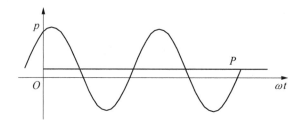

图 3.6.2　有功功率与瞬时功率波形图

$$\varphi = 90°, \ \cos \varphi = 0, \ P_L = U_L I_L \cos \varphi = 0 \tag{3.6.3}$$

电容元件有功功率：

$$\varphi = -90°, \ \cos \varphi = 0, \ P_C = U_C I_C \cos \varphi = 0 \tag{3.6.4}$$

由式(3.6.2)～式(3.6.4)可以发现，只有电阻消耗有功功率，电感和电容元件不消耗有功功率。

$\varphi > 0$ 时，称负载为感性负载，因为电流滞后电压 φ 角，所以称功率因数 λ 滞后。

$\varphi < 0$ 时，称负载为容性负载，因为电流超前电压 φ 角，所以称功率因数 λ 超前。

无源单口网络吸收的总有功功率 P 等于各支路吸收的有功功率之和，即

$$P = \sum_{i=1}^{n} P_i = \sum_{i=1}^{n} R_i I_i^2 \tag{3.6.5}$$

3.6.3　无功功率

电感元件、电容元件实际上不消耗功率，只是和电源之间存在着能量互换，把这种能量交换规模的大小定义为无功功率。

无功功率单位为乏(var)或千乏(kvar)，其表达式如下：

$$Q = UI \sin \varphi \tag{3.6.6}$$

其中，$\varphi = \theta_u - \theta_i$。

电阻元件：$\varphi = 0$，$Q_R = 0$；

电感元件：$\varphi = 90°$，$Q_L = UI \sin 90° = UI = \omega L I^2 = X_L I^2$，$Q_L > 0$；

电容元件：$\varphi = -90°$，$Q_C = UI \sin(-90°) = -UI = -\dfrac{I^2}{\omega C} = -X_C I^2$，$Q_C < 0$；

无源单口网络的总无功功率 Q 等于电路中各储能元件的无功功率之和，即

$$Q = \sum_{i=1}^{n} Q_i \tag{3.6.7}$$

在 RLC 串联电路中，电阻总是消耗功率，是耗能元件。而电感和电容则不消耗有功功率，只是存在和电源之间的功率交换，是储能元件。

3.6.4　视在功率

一端口网络如图 3.6.3 所示，端口上电压、电流有效值的乘积定义为视在功率 S，其计算公式

见式 (3.6.8)。视在功率的单位为伏安 (VA)、千伏安 (kVA)。

$$S = UI = \sqrt{P^2 + Q^2} \tag{3.6.8}$$

电源设备都是用视在功率表示它们的容量，也是电源所能输出的最大有功功率。电气设备的额定视在功率也称为额定容量。

由视在功率、有功功率和无功功率组成功率三角形，与阻抗三角形之间为相似三角形，如图 3.6.4 所示。

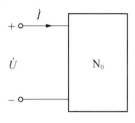

图 3.6.3　端口网络

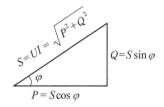

图 3.6.4　功率三角形

【例 3.6.1】　电路如图 3.6.5 所示，已知电源电压为 $\dot{U} = 220 \underline{/0^\circ}$ V，$R_1 = 3\ \Omega$，$R_2 = 8\ \Omega$，$X_C = 4\ \Omega$，$X_L = 6\ \Omega$，试求该电路的有功功率、无功功率、视在功率及功率因数，并用 MATLAB/Simulink 仿真验证计算结果。

解　$Z_1 = R_1 - jX_C = 3 - j4 = 5\underline{/-53.1^\circ}\,(\Omega)$

$Z_2 = R_2 + jX_L = 8 + j6 = 10\underline{/36.9^\circ}\,(\Omega)$

$\dot{I}_1 = \dfrac{\dot{U}}{Z_1} = \dfrac{220\underline{/0^\circ}}{5\underline{/-53.1^\circ}} = 44\underline{/53.1^\circ} = (26.4 + j35.2)\,(\mathrm{A})$

$\dot{I}_2 = \dfrac{\dot{U}}{Z_2} = \dfrac{220\underline{/0^\circ}}{10\underline{/36.9^\circ}} = 22\underline{/-36.9^\circ} = (17.6 - j13.2)\,(\mathrm{A})$

$\dot{I} = \dot{I}_1 + \dot{I}_2 = 26.4 + j35.2 + 17.6 - j13.2 = 44 + j22 = 49.2\underline{/26.6^\circ}\,(\mathrm{A})$

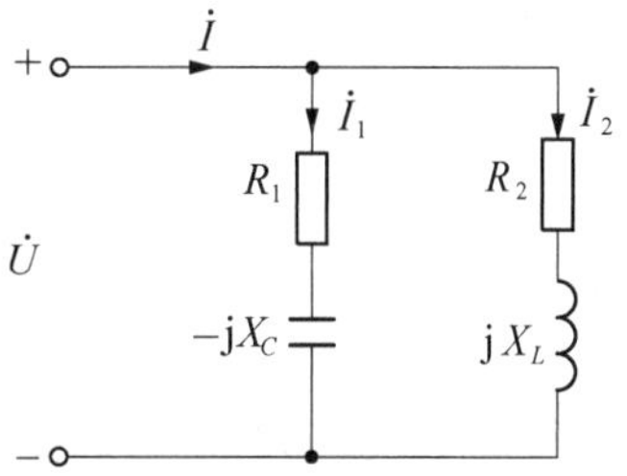

图 3.6.5　【例 3.6.1】电路图

由于电流相位超前于电压相位，此电路显示为容性负载。

$$S = UI = 220 \times 49.2 = 10\,824\,(\mathrm{VA})$$

$$P = UI\cos\varphi = 10\,824 \times \cos(0 - 26.6^\circ) = 9\,678\,(\mathrm{W})$$

$$Q = UI\sin\varphi = 10\,824 \times \sin(0 - 26.6^\circ) = -4\,846\,(\mathrm{var})$$

$$\cos\varphi = \cos(0 - 26.6^\circ) = 0.894$$

电路仿真模型如图 3.6.6 所示。

模块参数：电感参数为 $L = \dfrac{X_L}{\omega} = \dfrac{6}{2\pi f} = 0.019\,1$ H；

电容参数为 $C = \dfrac{1}{X_C\omega} = \dfrac{1}{4 \times 2\pi f} = 0.000\,8$ F。

图 3.6.6 中，需要特别指出的是其中两个测量模块在模块库中的位置，其路径如表 3.6.1 所示。

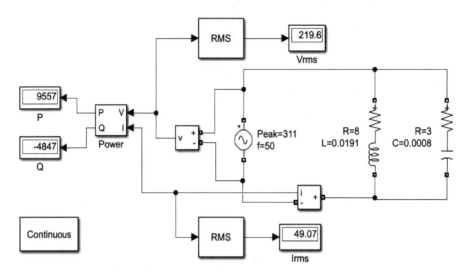

图 3.6.6　图 3.6.5 的 Simulink 电路仿真(程序 tu365)

表 3.6.1　测量元件路径说明

模块符号	模块功能	模　块　位　置
RMS	测量有效值模块	Simscape→SimPowerSystems→Specialized Technology→Control and Measurements Library→Measurements
Power	测量有功功率与无功功率模块	Simscape→SimPowerSystems→Specialized Technology→Control and Measurements Library→Measurements

　　从仿真结果可以验证计算结果的正确性。由于电压源与理论值存在一定误差,导致电压有效值与 220 V 理论值存在误差,最终仿真出的 P、Q 值有一定误差,但误差较小,对结果影响不大。

3.6.5　功率因数的概念

　　功率因数 λ:电路中有功功率与视在功率的比值,即

$$\lambda = \cos \varphi = \frac{P}{S} = \frac{UI\cos \varphi}{UI} \tag{3.6.9}$$

纯阻元件,$\lambda = 1$;感性、容性负载,$\lambda < 1$。

1. 提高功率因数的意义

(1) 提高电源利用率

　　提高功率因数,可使电源设备得到充分利用,增加视在功率转换成有功功率的程度,视在功率 $S = UI$ 一定时,提高功率因数,可以提高有功功率 P,从而降低了无功功率 Q,减少了电源与负载间徒劳往返的能量交换。

例如：已知某发电机的视在功率为 1 000 kVA，若功率因数 $\cos\varphi=1$，发电机能发出 1 000 kW 的有功功率；若功率因数 $\cos\varphi=0.7$，发电机只能发出 700 kW 的有功功率。可见，提高功率因数可使发电设备的容量得以充分利用。

（2）减少线路损耗

有功功率 $P=UI\cos\varphi$ 一定时，提高功率因数，可以降低线路上的电流 $I=\dfrac{P}{U\cos\varphi}$，降低线路损耗 $P_{损}=I^2R$。提高电网的功率因数可减小线路和发电机绕组的损耗，对国民经济的发展有重要意义。

功率因数低的原因是由于绝大多数用电负载为感性负载，如电动机、日光灯，其等效电路及相量关系如图 3.6.7 所示。

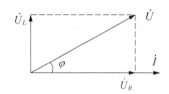

由相量关系图可知，由于感性负载的存在，使得总电压相量偏离横轴 $\cos\varphi=1$ 的位置，偏离之后功率因数降低了。

提高功率因数的原则是必须保证原负载的工作状态不变，即加至负载上的电压和负载的有功功率不变。

图 3.6.7　相量关系图

2. 提高功率因数的方法

负载如图 3.6.8(a)所示，在负载两端(实际是在供电线路的低压侧)并联一个适当的电容，如图 3.6.8(b)所示，以使整个电路的功率因数提高，同时也不影响负载的正常工作。理论上是用电容的无功功率去补偿电感的无功功率，从而减少电源的无功功率输出。补偿后的相量图如 3.6.9 所示。

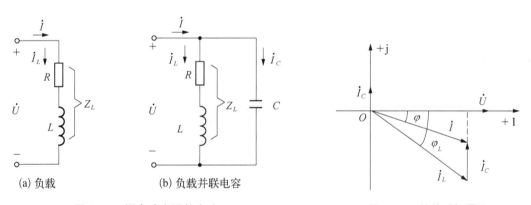

(a) 负载　　　　　　　　(b) 负载并联电容

图 3.6.8　提高功率因数方法　　　　　　图 3.6.9　补偿后相量图

由相量图可知，补偿后 $\varphi<\varphi_L$，功率因数提高了，线路电流 I 减小了。

补偿电容的计算方法：

根据图 3.6.8 与图 3.6.9 计算补偿电容，设原电路的功率因数为 $\cos\varphi_L$，要求补偿到 $\cos\varphi$ 需要并联多大电容？(设 U、P 为已知)，由于所并联的电容并不消耗有功功率，故电源提供的有功功率在并联电容前后保持不变，即

补偿前：$P=UI_L\cos\varphi_L$，$I_L=\dfrac{P}{U\cos\varphi_L}$

补偿后：$P=UI\cos\varphi$，$I=\dfrac{P}{U\cos\varphi}$

有功功率在并联电容前后保持不变：$P=UI_L\cos\varphi_L=UI\cos\varphi$

由图 3.6.9 可知：

$$I_C = I_L \sin \varphi_L - I \sin \varphi = \frac{P}{U\cos \varphi_L}\sin \varphi_L - \frac{P}{U\cos \varphi}\sin \varphi = \frac{P}{U}(\tan \varphi_L - \tan \varphi)$$

又 $I_C = \dfrac{U}{X_C} = \omega CU$

故可推导出补偿后的电容：

$$C = \frac{P}{\omega U^2}(\tan \varphi_L - \tan \varphi) \tag{3.6.10}$$

式中，φ_L 为负载 Z_L 的阻抗角，φ 为并联电容后电路的阻抗角。

并联电容前能量的互换主要发生在电感和电源之间，并联电容后能量的互换主要发生在电感和电容之间，减轻了电源的负担。

【例 3.6.2】 已知某日光灯电路模型如图 3.6.10 所示。图中 L 为镇流器的铁芯线圈，R 为日光灯管的等效电阻，已知电源电压 $U = 220$ V，$f = 50$ Hz，日光灯的功率为 40 W，额定电流为 0.4 A。试求：（1）电路的功率因数、电感 L 和电感上的电压 U_L；（2）若要将电路的功率因数提高到 0.95，需要并联多大电容？（3）并联电容后电源的总电流为多少？电源提供的无功功率为多少？

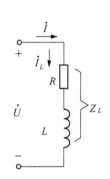

图 3.6.10 【例 3.6.2】
日光灯电路

解 （1）$\cos \varphi_L = \dfrac{P}{UI_N} = \dfrac{40}{220 \times 0.4} = 0.45$，$\varphi_L = \arccos 0.45 = 63°$

$|Z| = \dfrac{U}{I_N} = \dfrac{220}{0.4} = 550(\Omega)$，$Z_L = |Z|\angle\varphi_L = 550\angle 63° = 250 + \text{j}490(\Omega)$

$X_L = 490\ \Omega$，$L = \dfrac{X_L}{2\pi f} = \dfrac{490}{2\pi \times 50} = 1.56(\text{H})$

$U_L = X_L I_L = 490 \times 0.4 = 196(\text{V})$

（2）$\varphi_L = \arccos 0.45 = 63°$，$\varphi = \arccos 0.95 = 18.2°$

$$C = \frac{P}{\omega U^2}(\tan \varphi_L - \tan \varphi) = \frac{40}{2\pi \times 50 \times 220^2}(\tan 63° - \tan 18.2°) \approx 4.3(\mu\text{F})$$

（3）$I = \dfrac{P}{U\cos \varphi} = \dfrac{40}{220 \times 0.95} = 0.191(\text{A})$

$Q = UI \sin \varphi = 220 \times 0.191 \times \sin 18.2° = 13.1(\text{var})$

3.7　串联谐振与并联谐振

谐振的概念：在同时含有 L 和 C 的交流电路中，如果总电压和总电流同相，称电路处于谐振状态。此时电路与电源之间不再有能量的交换，电路呈电阻性。

研究谐振的目的：一方面是为了在生产上充分利用谐振的特点，如在无线电工程、电子测量技术等许多电路中应用；另一方面是要预防它所产生的危害。

3.7.1 串联谐振

1. 串联谐振的产生及条件

电路的谐振频率与电阻及外加电源无关。只有当外加电源的频率与电路本身的谐振频率相等时,电路才能产生谐振。最常用的谐振电路是串联谐振和并联谐振电路。发生在 RLC 串联电路中的谐振称为串联谐振,如图 3.7.1 所示。

对于一个含有 RLC 的单端口网络,如果其阻抗角 $\varphi = 0$,由前面的知识可以知道此时电路的电压与电流同相,电路呈现电阻性,称此时的电路发生了谐振。

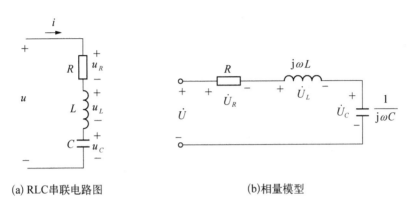

(a) RLC串联电路图   (b)相量模型

图 3.7.1   RLC 串联电路

图 3.7.1 中电路总阻抗: $Z = R + jX = R + j\left(\omega L - \dfrac{1}{\omega C}\right)$

阻抗模:
$$|Z| = \sqrt{R^2 + X^2} = \sqrt{R^2 + \left(\omega L - \frac{1}{\omega C}\right)^2}$$

阻抗模与频率的关系如图 3.7.2 所示。

频率较低时, $\omega < \omega_0$, $\omega L < \dfrac{1}{\omega C}$,则 $X < 0$,电路呈容性。

频率较高时, $\omega > \omega_0$, $\omega L > \dfrac{1}{\omega C}$,则 $X > 0$,电路呈感性。

当频率为某一特定值 f_0 时, $\omega = \omega_0$, $\omega_0 L = \dfrac{1}{\omega_0 C}$,则 $X = 0$,此时电路呈电阻性,电压和电流同相位,电路发生谐振,由于谐振发生在串联电路,故称为串联谐振。

发生串联谐振时,称 $\omega L = \dfrac{1}{\omega C}$ 为谐振条件, ω_0 为谐振角频率, f_0 为谐振频率。

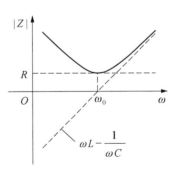

图 3.7.2 $|Z|$ 的频率特性曲线

$$\omega_0 = \frac{1}{\sqrt{LC}}$$

$$f_0 = \frac{1}{2\pi\sqrt{LC}}$$

$$(3.7.1)$$

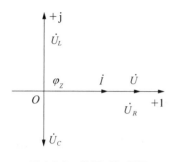

图 3.7.3 谐振时相量图

2. 串联谐振的主要特征

（1）电压、电流同相位，电路呈电阻性，谐振时电路电压相量图如 3.7.3 所示。

（2）电路的阻抗最小：$|Z| = \sqrt{R^2 + (X_L - X_C)^2} = R$

$$(3.7.2)$$

（3）电流最大：$I_0 = \dfrac{U}{\sqrt{R^2 + (X_L - X_C)^2}} = \dfrac{U}{R}$ （3.7.3）

（4）若 $X_L = X_C \gg R$，则 $U_L = U_C \gg U_R = U$，即电感和电容的电压有效值将大大超过电源电压（U_L 和 U_C 的数值可能很大，称为过电压），故串联谐振也称为电压谐振，谐振时电感电压与电源电压之比称为品质因数，用 Q 表示（前面用同样的符号 Q 表示了无功功率，请注意区分），通常 $Q \gg 1$。

$$Q = \frac{U_L}{U} = \frac{U_C}{U} = \frac{\omega_0 L}{R} = \frac{1}{\omega_0 RC} = \frac{1}{R}\sqrt{\frac{L}{C}} \qquad (3.7.4)$$

3. 使电路发生谐振的方法

只要激励频率和电路固有频率相等，即 $f = f_0$，电路就会发生谐振。

（1）调节电路参数 L、C，使其固有频率与激励频率相同；

（2）改变激励频率，使其等于电路固有频率。

【例 3.7.1】 一个线圈（$R = 50\ \Omega$、$L = 4\ \text{mH}$）与一个电容器（$C = 160\ \text{pF}$）串联后接到电压 $U = 25\ \text{V}$ 的电源上。用 MATLAB 编程绘制下列曲线：（1）阻抗模随频率变化的曲线；（2）电流随频率变化的曲线；（3）感抗随频率变化的曲线；（4）容抗随频率变化的曲线。

解 （1）（2）曲线 MATLAB 绘制程序如下：

```
syms R L C U I I0 f f0;
R=50;L=4e-3;C=160e-12;U=25;
f0=round(1/(2*pi*sqrt(L*C))/10e4)*10e4;
XC=1/(2*pi*f*C);XC0=1/(2*pi*f0*C);
XL=2*pi*f*L;XL0=2*pi*f0;
I0=U/R;
UC=XC0*I0;QC=XC0/R;
ZA=sqrt(R^2+(XL-XC)^2);
I=U/ZA;
figure(1)
ezplot(ZA,[0,400e3],1);grid on
title('\fontsize{14}\bf 阻抗模随频率变化曲线');
figure(2)
ezplot(I,[0,400e3],2);grid on
title('\fontsize{14}\bf 电流随频率变化曲线');
```

绘制结果如图 3.7.4、图 3.7.5 所示。

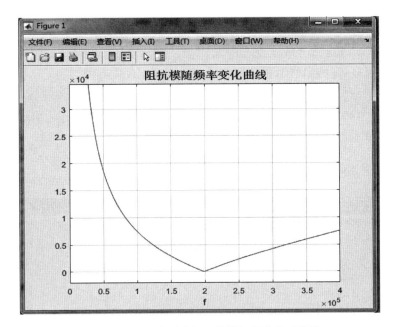

图 3.7.4　RLC 串联谐振阻抗模与频率关系曲线

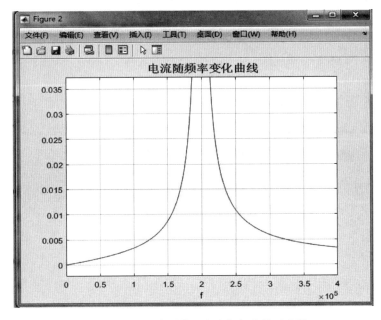

图 3.7.5　RLC 串联谐振电流与频率关系曲线

（3）（4）曲线 MATLAB 绘制程序如下：

```
syms R L C U I I0 f f0;
R=50;L=4e-3;C=160e-12;U=25;
f0=round(1/(2*pi*sqrt(L*C))/10e4)*10e4;
XC=1/(2*pi*f*C);
XL=2*pi*f*L;
```

```
figure(1)
ezplot(XL,[0,400e3],1);grid on
title('\fontsize{14}\bf 感抗随频率变化曲线');
figure(2)
ezplot(XC,[0,400e3],2);grid on
title('\fontsize{14}\bf 容抗随频率变化曲线');
```

绘制结果如图 3.7.6、图 3.7.7 所示。

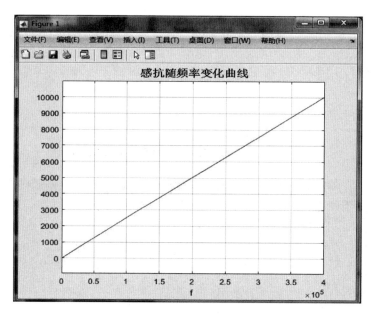

图 3.7.6　RLC 串联谐振感抗与频率关系曲线

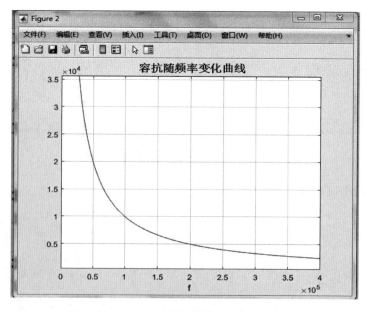

图 3.7.7　RLC 串联谐振容抗与频率关系曲线

思考问题：此 RLC 串联电路的谐振频率是多少？

4. 串联谐振的应用

串联谐振在无线电工程中的应用较多。典型的如收音机电路,通过调频电容的调节,使收音机输入电路的谐振频率与欲接收电台信号的载波频率相等,使之发生串联谐振,从而实现"选台",如图 3.7.8 所示。而且品质因数 Q 越大,选频特性越好。

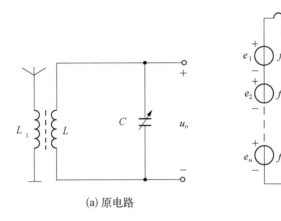

(a) 原电路　　　　　　　　　　(b) 等效电路

图 3.7.8　收音机谐振电路

在电力系统中应避免发生串联谐振,因为电容和电感的过电压会造成电容器和变压器线圈的击穿损坏。

【例 3.7.2】　图 3.7.9 为收音机的接收电路,各地电台所发射的无线电电波在天线线圈中分别产生各自频率的微弱的感应电动势 e_1、e_2、e_3、$\cdots$,调节可变电容器,使某一频率的信号发生串联谐振,从而使该频率的电台信号在输出端产生较大的输出电压,以起到选择收听该电台广播的目的。今已知 $L=0.25$ mH,C 在 $40\sim350$ pF 之间可调。求收音机可收听的频率范围。

解　当 $C=40$ pF 时,

$$f=\frac{1}{2\pi\sqrt{LC}}=\frac{1}{2\pi\sqrt{0.25\times10^{-3}\times40\times10^{-12}}}=1\,592\text{ kHz}$$

当 $C=350$ pF 时,

$$f=\frac{1}{2\pi\sqrt{LC}}=\frac{1}{2\pi\sqrt{0.25\times10^{-3}\times350\times10^{-12}}}=538\text{ kHz}$$

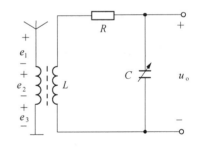

图 3.7.9　收音机的接收电路

因此,可收听的频率范围是 $538\sim1\,592$ kHz。

3.7.2　并联谐振

1. 并联谐振的产生及条件

RLC 并联电路如图 3.7.10 所示。

并联电路的等效导纳：

$$Y=\frac{1}{Z}=\frac{1}{R}+\text{j}\frac{1}{X_C}+\frac{1}{\text{j}X_L}=\frac{1}{R}+\text{j}\left(\omega C-\frac{1}{\omega L}\right)\quad(3.7.5)$$

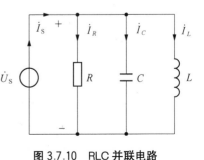

图 3.7.10　RLC 并联电路

$$Y = G + \frac{1}{j\omega L} + j\omega C = G + j\left(\omega C - \frac{1}{\omega L}\right) = G + j(B_C - B_L) = G + jB$$

其中，$B = B_C - B_L = \omega C - \dfrac{1}{\omega L}$，称为电纳，单位为西门子(S)。

若 $\omega C = \dfrac{1}{\omega L}$，则 $Z = R$，$\varphi_Z = 0$，此时电路呈电阻性，电压与电流同相位，称电路发生谐振，由于发生在并联电路，故称为并联谐振。

发生并联谐振时，称 $\omega C = \dfrac{1}{\omega L}$ 为谐振条件。

发生谐振时的角频率为 ω_0，谐振频率为 f_0，且按下式计算：

$$\omega_0 = \frac{1}{\sqrt{LC}}$$

$$f_0 = \frac{1}{2\pi\sqrt{LC}}$$

2. 并联谐振的主要特征

(1) 电压与电流同相位，电路呈电阻性，其电路电压相量图如图 3.7.11 所示。

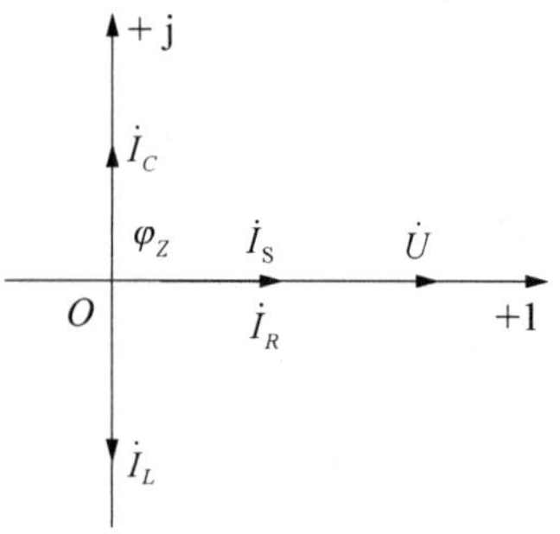

(2) 电路的阻抗最大：

$$|Z|_{\max} = \frac{1}{\sqrt{\left(\dfrac{1}{R}\right)^2 + \left(\omega C - \dfrac{1}{\omega L}\right)^2}} = R \qquad (3.7.6)$$

(3) 电路的电流最小：

$$I_{\min} = \frac{U}{R} \qquad (3.7.7)$$

图 3.7.11 并联谐振相量图

(4) 若 $R \gg X_L = X_C$，则 $I_L = I_C \gg I_R = I_S$，即电感和电容的电流有效值将大大超过信号源电流，故并联谐振也称为电流谐振。

谐振时电感电流与总电流之比称为品质因数，用 Q 表示，通常 $Q \gg 1$。

$$Q = \frac{I_L}{I} = \frac{I_C}{I} = \frac{R}{\omega_0 L} = R\omega_0 C \qquad (3.7.8)$$

【例 3.7.3】 一个线圈 $R = 25\ \Omega$、$L = 0.25\ \text{mH}$ 与一个电容器 $C = 85\ \text{pF}$ 并联。试用 MATLAB 编程绘出此 RL - C 并联阻抗模随频率变化的曲线。

解 曲线 MATLAB 绘制程序如下：

```
syms R L C omega0 Za f0 omega;
R=25;L=0.25e−3;C=85e−12;
omega0=sqrt(1/(L*C));
Z=(R+j*omega*L)*(−j/(omega*C))/(R+j*omega*L−j/(omega*C));
```

```
Za=vpa(abs(Z),4);
f0=omega0/2/pi;
ezplot(Za,[0,140e5,0,50000],1);grid on
title('\fontsize{14}\bf 阻抗模随频率变化曲线');
```

变化曲线如图 3.7.12 所示。

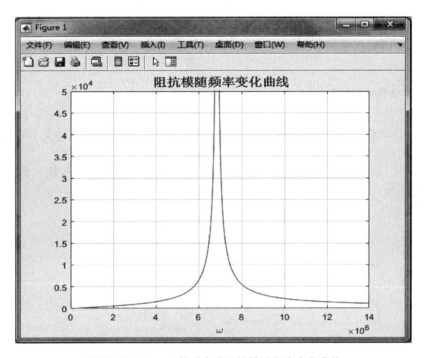

图 3.7.12　RL‑C 并联电路阻抗模随频率变化曲线

思考问题：此 RL‑C 并联电路的谐振频率是多少？

3.7.3　滤波电路

对于信号频率具有选择性的电路称为滤波电路。其主要功能是传送输入信号中的有用频率成分，衰减或抑制无用的频率成分。本节主要介绍 RC 滤波电路。

滤波电路是双口网络，如图 3.7.13 所示。

其中，$u_i(t)$ 为输入信号，$u_o(t)$ 为输出信号。此电路中，输出电压与输入电压的关系如下：

图 3.7.13　滤波电路

$$A_u(j\omega) = \frac{u_o(j\omega)}{u_i(j\omega)}$$

$$\dot{A}_u = A_u(\omega) \; \underline{/\varphi(\omega)}$$

$A_u(j\omega)$ 为电压传递函数，也称电压放大倍数。$A_u(\omega)$ 为幅频特性，即幅值与频率的关系；$\varphi(\omega)$ 为相频特性，即相位与频率的关系，两者合称为系统频率响应或频率特性。

按照幅频特性，通常可将滤波电路分为低通滤波电路、高通滤波电路、带通滤波电路和带阻滤波电路四种类型,也称此类滤波电路为滤波器。

1. 低通滤波器(LPF: Low-pass Filter)

图 3.7.14 所示电路为 RC 低通滤波电路。

空载时,即不加负载 R_L 时,电压放大倍数 $\dot{A}_u = \dfrac{\dot{U}_o}{\dot{U}_i} = \dfrac{1}{1+\mathrm{j}\omega RC} = \dfrac{1}{1+\mathrm{j}2\pi fRC}$,为方便计

算,令 $\dfrac{1}{2\pi RC} = f_H = \dfrac{1}{2\pi\tau}$,$\tau = RC$,则电压放大倍数可改

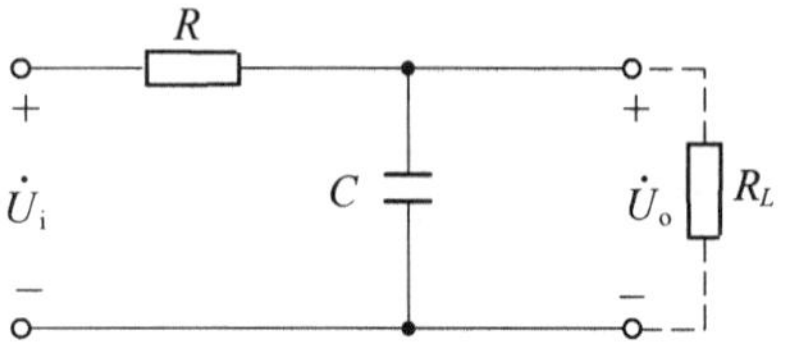

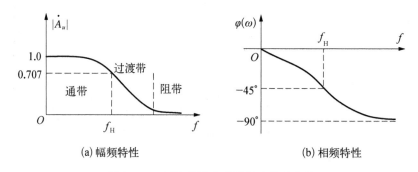

图 3.7.14 低通滤波电路

写为

$$\dot{A}_u = \frac{1}{1+\mathrm{j}\dfrac{f}{f_H}} = |\dot{A}_u|\angle\varphi$$

其中,电压放大倍数模 $|\dot{A}_u| = \dfrac{1}{\sqrt{1+(f/f_H)^2}}$,表示电压放大倍数的大小和频率之间的关系,称为幅频特性,如图 3.7.15(a)所示;$\varphi = -\arctan(f/f_H)$,输出信号与输入信号的相位差即电压放大倍数相位与频率之间的关系称为相频特性,如图 3.7.15(b)所示。

(a) 幅频特性   (b) 相频特性

图 3.7.15 低通滤波电路的频率特性曲线

图 3.7.15 中,$f=0$ 时,$|\dot{A}_u|=1$,$\varphi=0$,此时电压放大倍数最大;$f=f_H$ 时,$|\dot{A}_u|=0.707$,$\varphi=-45°$,此时电压放大倍数降低到最大电压放大倍数的 0.707 倍。$f<f_H$ 时电压放大倍数波动不大,$f>f_H$ 时电压放大倍数下降明显,因此称 f_H 为低通滤波电路的上限截止频率(或转折频率),并称频率为 $0\sim f_H$ 的范围为通频带(通带),频率为 $f_H\sim\infty$ 的范围为阻带。$f\to\infty$ 时,$|\dot{A}_u|\to 0$,$\varphi\to-90°$。

由幅频特性曲线可知,输入电压一定,频率越高,输出电压越小,该电路的低频信号比高频信号更易通过,故称低通滤波电路;由相频特性可知,输出电压总是滞后输入电压,故又称滞后网络。

电子和通信工程中所使用信号的频率动态范围很大,为了表示频率在极大范围内变化时电路特性的变化,可以用对数坐标来画幅值和相频特性曲线,称为波特图。

波特图中,横轴采用对数刻度 $\lg f$,但常标注为 f。幅频特性的纵轴用 $20\lg|\dot{A}_u|$ 表示,称为增益,单位是分贝(dB),如图 3.7.16(a)所示。若一个放大电路的电压放大倍数为 100,$\lg 100=2$,则用分贝表示的电压增益为 40 dB;若电压放大倍数为 1,则用分贝表示的电压增益为 0 dB。相频特性的纵轴用 φ 表示,如图 3.7.16(b)所示。

采用对数坐标画频率特性的另一个好处是可用折线来近似表示。

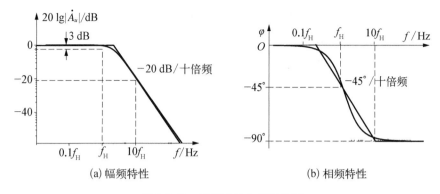

(a) 幅频特性　　　　　(b) 相频特性

图 3.7.16　低通滤波电路波特图

2. 高通滤波器 (HPF: High-pass Filter)

图 3.7.17 所示电路为 RC 高通滤波电路。

电压放大倍数：

$$\dot{A}_u = \frac{\dot{U}_o}{\dot{U}_i} = \frac{R}{R + \dfrac{1}{\mathrm{j}\omega C}} = \frac{1}{1 - \mathrm{j}\dfrac{1}{\omega RC}}$$

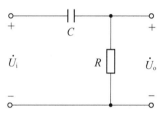

图 3.7.17　高通滤波电路

令 $f_L = \dfrac{1}{2\pi RC} = \dfrac{1}{2\pi\tau}$，$\tau = RC$，得：

$$\dot{A}_u = \frac{1}{1 - \mathrm{j}\dfrac{f_L}{f}}$$

幅频特性：$|\dot{A}_u| = \dfrac{1}{\sqrt{1 + (f_L/f)^2}}$，幅频特性曲线如图 3.7.18(a) 所示。

相频特性：$\varphi = \arctan(f_L/f)$，相频特性曲线如图 3.7.18(b) 所示。

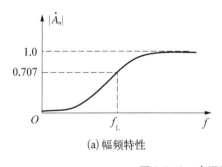
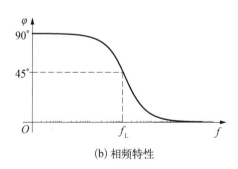

(a) 幅频特性　　　　　　　　(b) 相频特性

图 3.7.18　高通滤波电路的频率特性曲线

当 $f = 0$ 时，$|\dot{A}_u| = 0$，$\varphi = 90°$；

当 $f = f_L$ 时，$|\dot{A}_u| = 0.707$，$\varphi = 45°$，f_L 为下限截止频率。

当 $f \to \infty$ 时，$|\dot{A}_u| \to 1$，$\varphi \to 0°$。

由幅频特性曲线可知，该电路对高频信号有较大输出，而对低频分量衰减很大，故称高通滤波电路。而由相频特性曲线可知,输出电压总是超前输入电压,故又称超前网络。

　　频率为 $0 \sim f_{\mathrm{L}}$ 的范围为阻带,频率为 $f_{\mathrm{L}} \sim \infty$ 的范围为通带。

　　高通滤波电路波特图如图 3.7.19 所示。

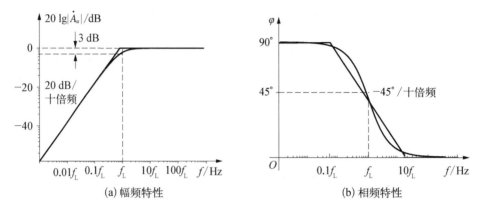

(a) 幅频特性　　　　　　　　　　　　　　(b) 相频特性

图 3.7.19　高通滤波电路波特图

3. 带通滤波器(BPF：Band-pass Filter)

　　低通滤波电路和高通滤波电路串并联可组成带通/阻滤波电路,由 RC 的串并联分压也可构成带通滤波器,如图 3.7.20 所示。

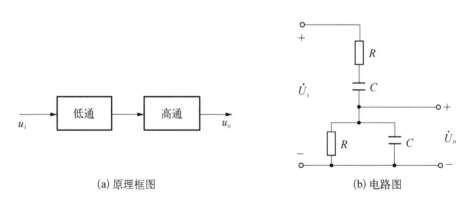

(a) 原理框图　　　　　　　　　　　　　(b) 电路图

图 3.7.20　带通滤波电路

带通滤波电路电压放大倍数：

$$\dot{A}_u = \frac{\dot{U}_o}{\dot{U}_i} = \frac{R \; / \! / \; \dfrac{1}{\mathrm{j}\omega C}}{R + \dfrac{1}{\mathrm{j}\omega C} + R \; / \! / \; \dfrac{1}{\mathrm{j}\omega C}} = \frac{1}{3 + \mathrm{j}\left(\omega RC - \dfrac{1}{\omega RC}\right)}$$

令 $f_0 = \dfrac{1}{2\pi RC}$，$\omega_0 = \dfrac{1}{RC}$，则：

$$\dot{A}_u = \frac{1}{3 + \mathrm{j}\left(\dfrac{f}{f_0} - \dfrac{f_0}{f}\right)}$$

幅频特性：$|\dot{A}_u| = \dfrac{1}{\sqrt{9 + \left(\dfrac{f}{f_0} - \dfrac{f_0}{f}\right)^2}}$，幅频特性曲线如图 3.7.21(a) 所示。

相频特性：$\varphi = -\arctan \dfrac{1}{3}\left(\dfrac{f}{f_0} - \dfrac{f_0}{f}\right)$，相频特性曲线如图 3.7.21(b) 所示。

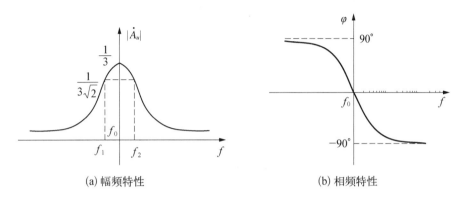

(a) 幅频特性　　　　　　　　　　(b) 相频特性

图 3.7.21　带通滤波电路频率特性曲线

f_1 为下限截止频率，f_2 为上限截止频率；通频带宽度 $f_{BW} = f_2 - f_1$；$f = f_0$ 时，幅值最大，$A_{um} = \dfrac{1}{3}$，相移为零，$\varphi = 0°$。

带通滤波器允许一定频段的信号通过，抑制低于或高于该频段的信号干扰。

实际应用中，当低通滤波电路和高通滤波电路串联时，应消除两级耦合时的相互影响，因为后一级成为前一级的负载，而前一级又是后一级的信号源内阻。两级间常存在隔离，一般应用射极输出器或者运算放大器进行隔离。实际的带通滤波器常常是有源的，有源滤波器由 RC 调谐网络和运算放大器组成，运算放大器既可用作级间隔离，又可起信号幅值放大的作用。

4. 带阻滤波器（BSF：Band-stop Filter）

带阻滤波电路原理框图如图 3.7.22 所示，由低通滤波电路和高通滤波电路并联组成。

常见的带阻滤波电路如图 3.7.23 所示。

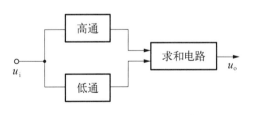

图 3.7.22　带阻滤波电路原理框图

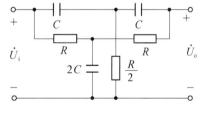

图 3.7.23　带阻滤波电路

5. 滤波电路种类小结

按照幅频特性，通常可将滤波电路分为如下四种类型：低通滤波器、高通滤波器、带通滤波器、带阻滤波器。

若无过渡带，滤波器理想幅频特性如图 3.7.24 所示。

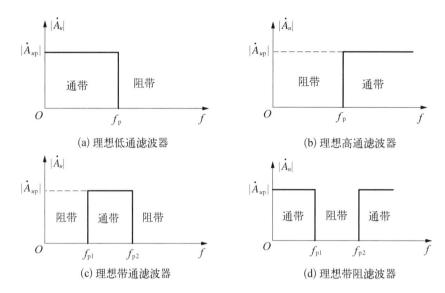

(a) 理想低通滤波器　　　　　　　　　(b) 理想高通滤波器

(c) 理想带通滤波器　　　　　　　　　(d) 理想带阻滤波器

图 3.7.24　四种类型滤波电路

6. MATLAB 滤波器设计工具简介

在 MATLAB 命令窗口输入"Filter Designer"就可进入滤波器设计工具界面。该设计工具可以设计实际的低通滤波器(Lowpass)、高通滤波器(Highpass)、带通滤波器(Bandpass)、带阻滤波器(Bandstop)。感兴趣的同学可以学习一下。

图 3.7.25 是滤波器设计工具主界面;图 3.7.26 是选择带通滤波器设计工具界面;图 3.7.27 是带通滤波器设计结果界面。

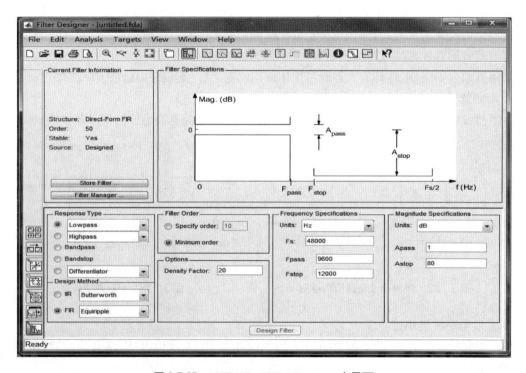

图 3.7.25　MATLAB－Filter Designer 主界面

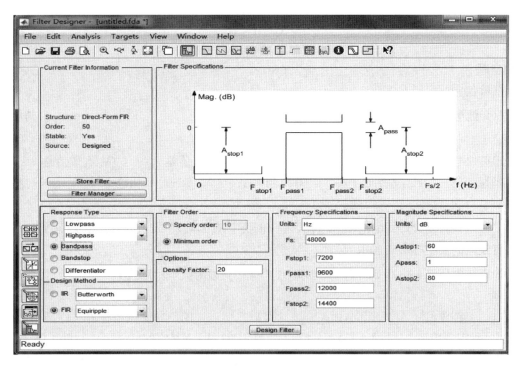

图 3.7.26　设计一个带通滤波器

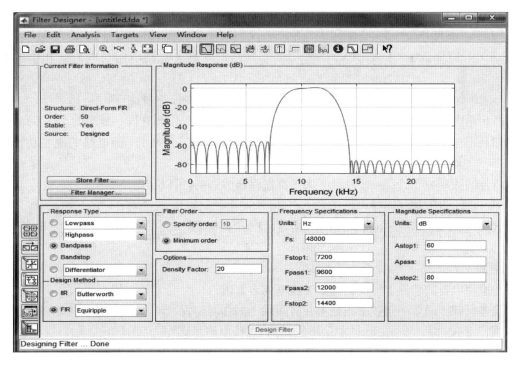

图 3.7.27　带通滤波器的幅频特性

习题三

一、填空题

1. 正弦量包含三个要素：_____、_____ 与 _____。

2. 正弦交流电流 $i = 10\sqrt{2}\sin(314t - 30°)$（A）的有效值为 _____，周期为 _____，初相位为 _____。

3. 已知正弦电压 $u = 220\sqrt{2}\sin(314t + 30°)$（V），则它的最大值是 _____ V，有效值是 _____ V，频率为 _____ Hz，周期是 _____ s，角频率是 _____ rad/s，相位为 _____，初相位是 _____ 度，合 _____ 弧度。

4. _____ 特指复数形式的电压和电流，已知正弦电压 $u = 220\sqrt{2}\sin(314t + 30°)$（V），该复电压有效值的极坐标形式表示为 _____。

5. 已知正弦电压 $u = 220\sqrt{2}\sin(314t + 30°)$（V），其复数的极坐标形式为 _____；代数形式为 _____。

6. _____ 相等，_____ 相同，而 _____ 互差 _____ 的三相交流电称为对称三相交流电。

7. 已知正弦交流电流 $i = 14.1\sin(314t - 45°)$（A），其中的 14.1 A 是它的 _____，反映了该正弦交流电流的 _____；314 是它的 _____，反映了该电流 _____；$-45°$ 称为它的 _____，确定了该正弦交流电流计时始的位置。这三个量称为该正弦交流电流的 _____。

8. 已知正弦交流电流 $i = 14.14\sin(100\pi t - 60°)$（A），则它的最大值是 ____ A，有效值是 ____ A，频率为 ____ Hz，周期是 _____ s，角频率是 ____ rad/s，相位为 _____，初相是 _____ 度（_____ 弧度）。

9. 若 $u = -10\sin(100t - 30°)$（V），$i = 5\cos(100t - 30°)$（A），则电压与电流的相位关系为 _____。

10. X_L 的值不仅与 L 有关，还与角频率 ω 有关，当 L 值一定时，ω 越高，则 X_L 越 ____。

11. 在画相量图时，只有当两个正弦量的频率 _____ 时，才可以画在同一复平面上。

12. 已知某正弦交流电路的有功功率 $P = 17$ kW，功率因数 $\lambda = 0.85$，则电路的视在功率 $S = $ _____ kVA。

13. 某信号的频率为 50 Hz ~ 20 kHz，为了抑制噪声的影响，可以在电路中加入 _____（低通、高通、带通、带阻）滤波电路。

14. 含 RLC 电路发生谐振时，电路的电压与电流同相，电路呈现 _____（电阻性、电容性、电感性）。

二、判断题

1. 各种家用电器的铭牌上标注的都是交流电的有效值。 （　　）

2. 相位差反映了两个不同频率正弦量在时间轴上的相对位置。 （　　）

3. 当 $X_L > X_C$ 时，$X > 0$，$\varphi > 0$，电压超前电流，电路呈感性。 （　　）

4. 对于正弦稳态电路，可以像直流电路一样采用支路电流法、叠加定理和戴维南定理等方法分析。 （　　）

5. 电阻不消耗无功功率。 （　　）

6. 为了充分利用电源设备容量，总是要求尽量降低功率因数。 （　　）

7. 低通滤波器输入高频信号比低频信号更容易通过。 （　　）

8. 对于含 RLC 的单口网络,当感抗等于容抗,即 $\omega L = \dfrac{1}{\omega C}$ 时,电路发生谐振。 （　　）

9. 电路发生串联谐振时,品质因数远大于 1。 （　　）

10. 无论是串联谐振还是并联谐振,电容与电感支路上的电压或电流,一定小于电源电压或电流。
（　　）

11. 已知某负载中电流的幅值为 14.14 A,初相位为 $-30°$,周期均为 0.02 s,其瞬时值表达式为
$i(t) = 14.14\sin(314t - 30°)(\mathrm{A})$。 （　　）

12. 已知某负载中电压的幅值为 311 V,初相位为 $45°$,周期均为 0.02 s,其瞬时值表达式为 $u(t) =$
$311\sin(314t + 45°)(\mathrm{V})$。 （　　）

三、选择题

1. 交流电路中,已知 RL 并联电路的电阻电流 $I_R = 3\,\mathrm{A}$,电感电流 $I_L = 4\,\mathrm{A}$,则该电路的总电流
为（　　）。

　A. 1 A　　　　　　　B. $\sqrt{7}$ A　　　　　　C. 5 A　　　　　　D. 7 A

2. RLC 串联电路中,下列各式中正确的是（　　）。

　A. $\dot{U} = \dot{U}_R + \dot{U}_L + \dot{U}_C$ 　　　　　　　　B. $U = \sqrt{U_R^2 + U_L^2 + U_C^2}$

　C. $U = \sqrt{U_R^2 + (U_L + U_C)^2}$ 　　　　　　D. $U = U_R + U_C + U_L$

3. 在某一频率时,测得电阻阻抗 5 Ω,电感感抗为 7 Ω,电容容抗为 0 Ω,正确的是（　　）。

　A. RC 串联电路 $Z = (5 + \mathrm{j}2)(\Omega)$ 　　　　　B. RL 串联电路 $Z = (5 + \mathrm{j}7)(\Omega)$

　C. LC 串联电路 $Z = (3 + \mathrm{j}3)(\Omega)$ 　　　　　D. LC 并联电路 $Z = (3 - \mathrm{j}5)(\Omega)$

4. 某电路的等效导纳为 $Y = (0.2 + \mathrm{j}0.5)(\mathrm{S})$,则它的等效阻抗 Z 为（　　）。

　A. $(0.2 - \mathrm{j}0.5)(\Omega)$　　B. $(5 + \mathrm{j}2)(\Omega)$　　C. $(5 - \mathrm{j}2)(\Omega)$　　D. $(0.69 - \mathrm{j}1.7)(\Omega)$

5. 在 RLC 串联电路中,测得谐振时电阻两端电压为 12 V,电感两端电压为 16 V,则电路总电压
为（　　）。

　A. 16 V　　　　　　B. 12 V　　　　　　C. 20 V　　　　　　D. 28 V

四、名词解释

1. 正弦量周期

2. 有效值

3. 幅值

4. 频率

5. 初相位

6. 相位差

7. 有功功率

8. 无功功率

五、简答题

1. 简述提高功率因数的意义。

2. 提高功率因数的方法有哪些?

3. 滤波电路的作用是什么?

4. 使电路发生谐振的方法有哪些?

5. 串联谐振电路具有哪些特点?

六、计算题

1. 已知电路图 3-1 中,电源电压 $\dot{U}_1=(230+\text{j}0)(\text{V})$、$\dot{U}_2=(227+\text{j}0)(\text{V})$、$z_1=(0.1+\text{j}0.5)(\Omega)$、$z_2=(0.1+\text{j}0.5)(\Omega)$、$z_3=(5+\text{j}5)(\Omega)$。 试求出电路中电流 $\dot{I}_1$、$\dot{I}_2$、$\dot{I}_3$,并用 MATLAB/Simulink 验证。

2. 如图 3-2 所示,$i=2\sqrt{2}\sin(10t+30°)(\text{A})$,求电压 u,并用 MATLAB/Simulink 验证。

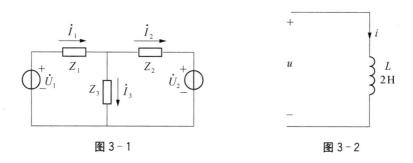

图 3-1   图 3-2

3. 如图 3-3 所示,$i=40\sqrt{2}\sin(10t+120°)(\text{A})$,求电压 u,并用 MATLAB/Simulink 验证。

4. 如图 3-4 所示,已知 $u=311\sin(314t)(\text{V})$,$i=14.14\sin(314t+60°)(\text{A})$,求电阻 R 及电容 C,并用 MATLAB/Simulink 验证。

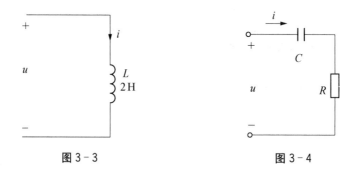

图 3-3   图 3-4

5. 正弦电流 $i_1=5\cos(3t-120°)(\text{A})$,$i_2=\sqrt{2}\sin(3t+45°)(\text{A})$。
   (1) 写出两个电流的有效值;
   (2) 求相位差,说明超前滞后关系。

6. 某交流电压的有效值为 110 V,频率为 60 Hz,在 $t=5$ ms 时出现电压峰值,试写出该交流电压的表达式。

7. 把一个 $L=0.01$ H 的电感接到 $f=50$ Hz、$U=220$ V 的正弦电源上,(1) 求电感电流 I;(2) 如保持 U 不变,而电源 $f=5\,000$ Hz,这时 I 为多少?

8. 三相负载 $Z=6+8\text{j}(\Omega)$ 接于 380 V 线电压上,试求:分别用星形接法和三角形接法时三相电路的总功率。

第4章 供电与配电基础

做好供配电工作,对于促进工业生产,降低产品成本,实现生产自动化和工业现代化有着十分重要的意义。对供配电的基本要求如下:

安全:在电能的供应、分配和使用中,不应发生人身事故和设备事故。

可靠:应满足用电设备对供电可靠性的要求。

优质:应满足用电设备对电压和频率等供电质量的要求。

经济:供配电应尽量做到投资少、年运行费用低,尽可能减少有色金属消耗量和电能损耗,提高电能利用率。

本章主要介绍发电、输电和配电过程,以及电力供电的主要方式、特点与供配电系统的基本组成,讨论供配电系统中的三相制,介绍安全用电的常识。

4.1 供电与配电

电能是二次能源,由煤、水力、石油、太阳能、原子能等一次能源转换而来。电能容易控制并可以与其他形式的能量进行转换,生活中电能随处可见。电能的基本特点是难以存储,故电的生成、传输与使用是一个连续的过程。

4.1.1 电力系统

电力系统指的是将发电厂、电力网和电力用户联系起来,形成发电、送电、变电、配电和用电等环节组成的电能生产与消费系统,如图 4.1.1 所示。

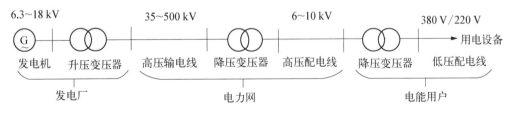

图 4.1.1 电力系统结构图

电力网由变电所和不同电压等级的输电线路组成,其作用是输送、控制和分配电能。

1. 发电厂

发电厂提供电能,将一次能源转换成电能。根据一次能源的不同,发电厂主要分为火力发电厂、水力发电厂和核能发电厂。此外,还有风力发电厂、太阳能发电厂、地热发电厂和海洋发电厂等。

2. 变电所

发电过程是将其他形式的能源转变成电能的过程。电能输送到工厂中应用,要进行变电和配电。变电所的功能是接收电能、变换电压和分配电能。

按变电所的性质和任务不同,可将其分为升压变电所和降压变电所。除与发电机相连的变电所为升压变电所外,其余均为降压变电所。按变电所的地位和作用不同,又将其分为枢纽变电所、地区变电所和用户变电所。

升压变电所采用升压变压器,升高电压的目的是减小电能线路传输时的损耗。

降压变电所采用降压变压器,电力网中的变压器区域是变电所第一次降压,电能用户的降压变压器为用户变电所第二次降压。用电设备有动力用电设备(如电动机)、工艺用电设备(如电网)、电热用电设备(如电炉)、照明用电设备、实验用电设备等。

3. 电力线路

电力线路将发电厂、变电所和电能用户连接起来,完成输送电能和分配电能的任务。电能的输送过程称为输电。输电的距离越长,输电的损耗越大,则输电的电压就要升得越高。

4. 电能用户

用电设备又称为用电负荷(电力负荷),即所有消耗电能的用电设备或用电单位被称为电能用户。

4.1.2 供配电系统

供配电系统是电力系统的重要组成部分。从技术角度看,供配电系统由总降压变电所、高压配电所、配电线路、车间变电所或建筑物变电所和用电设备组成,一般从区域变电所到用电设备之间的电力网络都可以称为供配电系统,如图 4.1.2 所示。

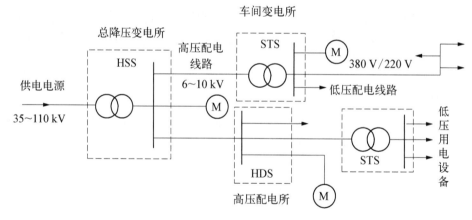

图 4.1.2 供配电系统

总降压变电所是用户电能供应的枢纽。它将 $35\sim110\ kV$ 的外部供电电源电压降为 $6\sim10\ kV$ 高压配电电压,供给高压配电所、车间变电所或建筑物变电所和高压用电设备。

高压配电所集中接受 $6\sim10\ kV$ 电压,再分配到附近各车间变电所或建筑物变电所和高压用电设备。一般负荷分散、厂区大的大型企业设置高压配电所。

配电线路分为 $6\sim10\ kV$ 高压配电线路和 $220\ V/380\ V$ 低压配电线路。高压配电线路将总降压变电所与高压配电所、车间变电所或建筑物变电所和高压用电设备连接起来。低压配电线路将车间变电所的 $220\ V/380\ V$ 电压送至各低压用电设备。

用电设备按用途可分为动力用电设备、工艺用电设备、电热用电设备、试验用电设备和照明用电设备等。

配电线路的连接方式分为放射式、树干式和环形三种，下面以低压配电线路为例，介绍这三种连接方式。

1. 低压放射式接线

低压放射式接线如图 4.1.3 所示。其特点是供电线路独立导线消耗量大、采用的开关设备多、投资成本高，适用于供电可靠性要求高的场合。

2. 低压树干式接线

低压树干式接线如图 4.1.4 所示。其优点是电源端出线回路数较放射式接线少，导线消耗少，开关设备也较少，投资费用低，接线灵活性大。其缺点是干线发生故障时，影响范围大，供电可靠性差。低压树干式接线适合于供电容量小而负载分布较均匀的场合。

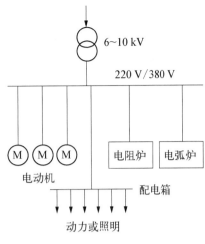

图 4.1.3　低压放射式接线

3. 低压环形接线

低压环形接线如图 4.1.5 所示。其特点是将两个树干式配电线路的末端或中部连接起来构成环形网络。其优点是设计运行灵活、供电可靠性高。其缺点是闭环运行时继电保护整定较复杂，如配合不当，容易发生误操作，因此低压环形线路通常多采用开环运行方式。

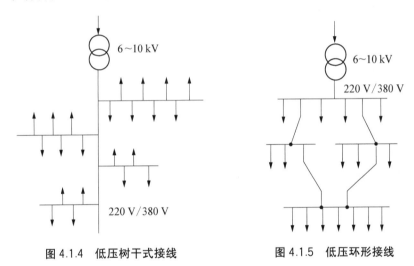

图 4.1.4　低压树干式接线　　　　图 4.1.5　低压环形接线

在低压配电系统中，往往采用几种接线方式的组合。

4.1.3　电力系统的额定电压

电力系统的电压是有等级的。电力系统的额定电压包括电力系统中各种发电、供电、用电设备的额定电压。额定电压是能使电气设备长期运行在技术经济效果最好的情况下的电压，它是国家根据国民经济发展的需要、电力工业的水平和发展趋势，经全面技术经济分析后确定的。GB/T 156—2017《标准电压》规定了我国三相交流系统的标称电压和高于 1 000 V 三相交流系统的最高电压。标称电压是系统被指定的电压，又称额定电压。系统最高电压是指在正常运行条件下，在系统的任何时间和任何点上出现的电压的最高值，它不包括电压瞬变，例如因系统的开关操作及暂态的电压波动而出现的瞬态电压值。我国三相交流系统的标称电压、最高电压和发电机、变压器的额定电压如表 4.1.1 所示。

表 4.1.1　我国三相交流系统的标称电压、最高电压和电力设备的额定电压　　　　单位：kV

分类	系统标称电压（额定电压）	系统最高电压	发电机额定电压	电力变压器额定电压	
				一次绕组	二次绕组
低压	0.38	—	0.4	0.38	0.4
	0.66	—	0.69	0.66	0.69
高压	3	3.6	3.15	3，3.15	3.15，3.3
	6	7.2	6.3	6，6.3	6.3，6.6
	10	12	10.5	10，10.5	10.5，11
	—		13.8，15.75，18，20，22，24，26	13.8，15.75，18，20，22，24，26	—
	35	40.5	—	35	38.5
	66	72.5	—	66	72.6
	110	126(123)	—	110	121
	220	252(245)	—	220	242
	330	363	—	330	363
	500	550	—	500	550
	750	800	—	750	828
	1 000	1 100	—	1 000	1 100

1. 电网（线路）的额定电压

电网（线路）的额定电压只能选用国家规定的系统标称电压，如表 4.1.1 所示。它是确定各类电气设备额定电压的基本依据。

2. 用电设备的额定电压

用电设备的额定电压与同级电网的额定电压相同。

3. 发电机的额定电压

发电机是产生电能的装置，总是接在输电线路首端，如图 4.1.6 所示，为了补偿电网上的电压损失，发电机的额定电压一般比同级电网额定电压高，通常发电机的额定电压为线路额定电压的 105%，即 $U_{NG}=1.05U_N$。

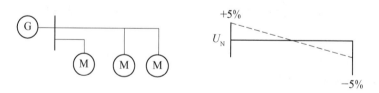

图 4.1.6　用电设备和发电机电压说明

4. 变压器的额定电压

（1）变压器一次绕组的额定电压

与发电机直接相连的升压变压器的一次绕组的额定电压应与发电机的额定电压相同。连接线路上的降压变压器的一次绕组的额定电压应与线路的额定电压相同。

（2）变压器二次绕组的额定电压

变压器的二次绕组向负荷供电，这时的变压器相当于发电机。二次绕组电压应比线路的额定电压高 5%,而变压器二次绕组的额定电压是指空载时的电压。但在额定负荷下,变压器的电压降 5%。因此,为使正常运行时变压器二次绕组电压较线路的额定电压高 5%,当线路较长时(如 35 kV 及以上高压线路),变压器二次绕组的额定电压应比相连线路的额定电压高 10%;当线路较短时(直接向高低压用电设备供电,如 10 kV 及以下线路),二次绕组的额定电压应比相连线路的额定电压高 5%。如图 4.1.7 所示。

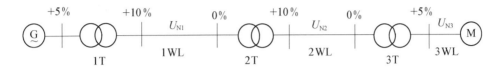

图 4.1.7　变压器输出电压参考

【例 4.1.1】　已知图 4.1.8 所示系统中线路的额定电压,试求发电机和变压器的额定电压。

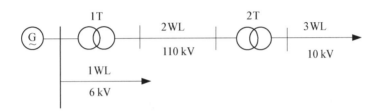

图 4.1.8　【例 4.1.1】电路图

解　发电机 G 的额定电压:

$$U_{NG} = 1.05 U_{N.1WL} = 1.05 \times 6 = 6.3 (kV)$$

变压器 1 T 的额定电压:

$$U_{1N.1T} = U_{NG} = 6.3 (kV)$$

$$U_{2N.2T} = 1.1 U_{N.2WL} = 1.1 \times 110 = 121 (kV)$$

1 T 的额定电压为 6.3 kV/121 kV。

变压器 2 T 的额定电压:

$$U_{1N.1T} = U_{N.2WL} = 110 (kV)$$

$$U_{2N.2T} = 1.05 U_{N.3WL} = 1.05 \times 10 = 10.5 (kV)$$

2 T 的额定电压为 110 kV/10.5 kV。

4.1.4　供电质量

用户供电质量的指标一般有电压偏差、频率质量和供电可靠性。

1. 电压偏差

电压偏差是电压偏离额定电压的幅度,一般以百分数表示。

$$\Delta U = \frac{U - U_N}{U_N} \times 100\% \tag{4.1.1}$$

式(4.1.1)中，ΔU 为电压偏差百分数，U 为实际电压，U_N 为系统标称电压（额定电压）。GB/T 12325—2008《电能质量 供电电压偏差》规定了我国供电电压偏差的限值，如表 4.1.2 所示。供电电压是指供电点处的线电压或相电压。

表 4.1.2　供电电压偏差的限值(GB/T 12325—2008)

系统标称电压/kV	供电电压偏差的限值/%
≥ 35 三相(线电压) ≤ 20 三相(线电压) 0.22 单相(相电压)	正负偏差绝对值之和不大于 10 ±7 +7,−10

2. 频率质量

目前，世界上的电网的额定频率有两种：50 Hz 和 60 Hz。欧洲、亚洲等大多数地区采用 50 Hz，北美洲采用 60 Hz。我国采用的额定频率为 50 Hz。GB/T 15945—2008《电能质量 电力系统频率偏差》规定了我国电力系统频率偏差的限值：

(1) 电力系统正常运行条件下频率偏差限值为±0.2 Hz。当系统容量较小时，偏差限值可以放宽到±0.5 Hz。

(2) 冲击负荷引起的系统频率变化为±0.2 Hz，根据冲击负荷的性质和大小以及系统的条件也可适当变动，但应保证近区电力网、发电机组和用户的安全与稳定运行以及正常供电。

3. 供电可靠性

供电可靠性是以对用户停电的时间及次数来衡量的，已经成为衡量一个国家经济发达程度的标准之一，常用供电可靠率来表示。

$$供电可靠率(\%) = \frac{8\,760 - T_s}{8\,760} \times 100\%$$

上式中，8 760(=24×365)为年供电小时，T_s 为年停电小时(包括事故停电、计划检修停电以及临时性停电时间)，国家规定的城市供电可靠率是 99.96%，即用户年平均停电时间不超过 3.5 h。

按对供电可靠性的要求，负荷分为以下三类：

(1) 一级负荷

一级负荷为中断供电将造成人身伤亡；中断供电将在经济上造成重大损失；中断用电单位的供电将有重大政治、经济影响的负荷。

一级负荷应由两个独立电源供电。所谓独立电源，就是当一个电源发生故障时，另一个电源应不致同时受到损坏。对于一级负荷中特别重要的负荷，除须配置上述两个独立电源外，还必须增设应急电源。

(2) 二级负荷

二级负荷为中断供电将在经济上造成较大损失；中断供电将影响较重要用电单位正常工作；中断供电将造成大型影剧院、大型商场等较多人员集中的重要公共场所秩序混乱的负荷。

二级负荷应由两回线路供电，在负荷较小或地区供电条件较差时，二级负荷可由一回 6 kV 及以上专用的架空线路供电。

（3）三级负荷

三级负荷为不属于一级和二级负荷的负荷。对一些非连续性生产的中小型企业,停电仅影响产量或造成少量产品报废的用电设备,以及一般民用建筑的用电负荷等均属三级负荷。三级负荷对供电电源没有特殊要求。

4.2　三相电源

4.2.1　对称三相电源

三相正弦交流电压是由三相交流发电机产生的。发电机的内部构造如图 4.2.1 所示。三相交流发电机主要由定子和转子组成,定子上装有匝数相等、彼此相隔 120°的三个绕组,绕组的首端用 A、B、C 标注,末端用 X、Y、Z 标注。其中一相绕组如图 4.2.1(b)所示。转子铁芯上绕有直流励磁绕组,选择合适的磁极形状和励磁绕组分布,可使转子表面的气隙中磁感应强度按正弦分布。

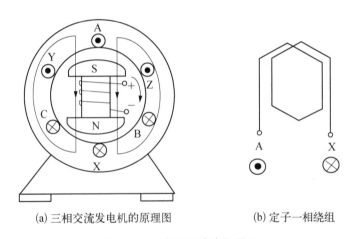

(a) 三相交流发电机的原理图　　　　　(b) 定子一相绕组

图 4.2.1　三相交流发电机原理

当发电机的转子以角速度 ω 旋转时,在三个绕组的两端将分别产生幅值相同、频率相同、相位依次相差 120°的正弦感应电动势,如图 4.2.2 所示。

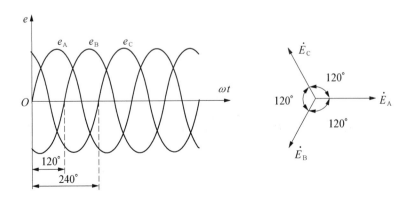

图 4.2.2　感应电动势波形图与相量图

$$\begin{cases} e_A = E_m \sin \omega t \\ e_B = E_m \sin(\omega t - 120°) \\ e_C = E_m \sin(\omega t + 120°) \end{cases} \tag{4.2.1}$$

$$\begin{cases} \dot{E}_A = E \angle 0° \\ \dot{E}_B = E \angle -120° \\ \dot{E}_C = E \angle 120° \end{cases} \tag{4.2.2}$$

从量值的大小来说，空载的电源电势等于端电压，则发电机发出的电压为

$$\begin{cases} u_A = U_m \sin \omega t \\ u_B = U_m \sin(\omega t - 120°) \\ u_C = U_m \sin(\omega t + 120°) \end{cases} \tag{4.2.3}$$

$$\begin{aligned} \dot{U}_A &= U \angle 0° \\ \dot{U}_B &= U \angle -120° \\ \dot{U}_C &= U \angle 120° \end{aligned} \tag{4.2.4}$$

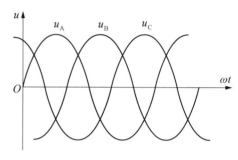

(a) 三相电压波形图

3 个电压到达最大值的先后次序称为相序。相序为 A、B、C，称为正序（或顺序）；相序为 C、B、A，称为反序（或逆序）。电力系统常用正序。

三相正弦交流电压满足最大值相等、频率相同、相位互差 120°，称为对称三相电压，如图 4.2.3 所示。对称三相电压的瞬时值之和为 0，对称三相电压的相量之和为 0，即

$$\begin{cases} u_A + u_B + u_C = 0 \\ \dot{U}_A + \dot{U}_B + \dot{U}_C = 0 \end{cases} \tag{4.2.5}$$

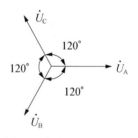

(b) 三相电压相量图

图 4.2.3　三相电压波形图与相量图

【例 4.2.1】　已知三相交流电：$u_A = 380\sqrt{2} \sin(314t)$（V）、$u_B = 380\sqrt{2} \sin(314t - 120°)$（V）、$u_C = 380\sqrt{2} \sin(314t + 120°)$（V）。

(1) 试用 MATLAB 计算三相正弦交流电压瞬时值之和 $u = u_A + u_B + u_C$；

(2) 试用 Simulink 仿真三相正弦交流电压波形图；

(3) 试用 MATLAB 绘制三相正弦交流电压相量图。

解　(1) 用 MATLAB 计算电压瞬时值之和的程序如下：

```
syms t;
uA=380*sqrt(2)*sin(100*pi*t+0);
uB=380*sqrt(2)*sin(100*pi*t-2*pi/3);
uC=380*sqrt(2)*sin(100*pi*t+2*pi/3);
u=simple(uA+uB+uC);
u=
    0
```

（2）在 Simulink 中建立仿真电路模型，如图 4.2.4 所示。

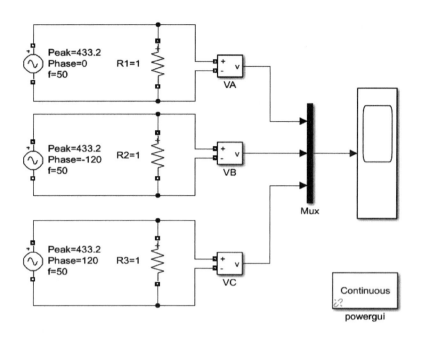

图 4.2.4　三相电源 Simulink 电路仿真（程序 li421）

　　为了更好地观察三相交流电中每个单相的情况，将三个单相电 u_A、u_B 与 u_C 分别测量，并将波形通过 Mux 模块汇总到一个示波器上。仿真模型中，由于仿真时不能开路，在每相电源后面并联 1 Ω 电阻。电源参数：电压幅值 Peak amplitude（V）$= 380\sqrt{2}$ V $= 433.2$ V；相位 Phase（deg），A 相为 0°、B 相为 $-120°$、C 相为 120°；频率 Frequency（Hz）为 50 Hz。最终得三相正弦交流电压波形，如图 4.2.5 所示。

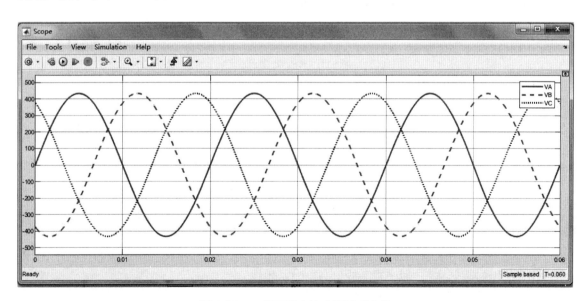

图 4.2.5　三相正弦交流电压波形曲线

（3）用 MATLAB 绘制三相正弦交流电压相量图的程序如下：

```
uA=380*sqrt(2)*exp(0*j);
uB=380*sqrt(2)*exp(-2*pi/3*j);
uC=380*sqrt(2)*exp(2*pi/3*j);
disp('    uA    uB    uC');
disp('相量模='),disp(abs([uA uB uC]));
disp('相角(度)=')
disp(angle([uA uB uC])*180/pi)
ha=compass([uA uB uC]);
set(ha,'linewidth',3);
gtext('uA');gtext('uB');gtext('uC');
title('\fontsize{14}\bf 三相正弦交流电相量图');
```

绘制出三相正弦交流电压相量图，如图 4.2.6 所示。

程序运行结果为

uA   uB   uC

相量模=

537.401 2   537.401 2   537.401 2

相角（度）=

0   -120.000 0   120.000 0

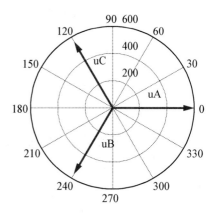

图 4.2.6　三相正弦交流电压相量图

4.2.2　三相电源的连接

1. 三相电源的星形（Y 形）连接

通常把发电机的三相绕组的末端 X、Y、Z 连接一点 N，而把始端 A、B、C 作为外电路相连接的端点，这种连接方法称为三相电源的星形（Y 形）连接，如图 4.2.7 所示。

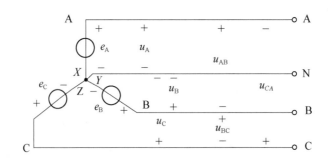

图 4.2.7　三相电源的星形连接

图 4.2.7 中的三相电源的星形连接有中线，即图 4.2.7 中的 N，也称三相四线制，即有三根相线（A、B、C，也称端线、火线）和一根零线（也称中线、地线）。

相电压：相线与中线之间电压，$\dot{U}_A, \dot{U}_B, \dot{U}_C$。

线电压：两条相线之间的电压，$\dot{U}_{AB}, \dot{U}_{BC}, \dot{U}_{CA}$。

$$\dot{U}_{AB} = \dot{U}_A - \dot{U}_B = \dot{U}_A - \dot{U}_A \ \angle{-120°} = \sqrt{3}\dot{U}_A \ \angle{30°}$$

$$\dot{U}_{BC} = \dot{U}_B - \dot{U}_C = \dot{U}_B - \dot{U}_B \ \angle{-120°} = \sqrt{3}\dot{U}_B \ \angle{30°} \qquad (4.2.6)$$

$$\dot{U}_{CA} = \dot{U}_C - \dot{U}_A = \dot{U}_C - \dot{U}_C \ \angle{-120°} = \sqrt{3}\dot{U}_C \ \angle{30°}$$

线电压用瞬时值时表示为

$$\begin{cases} u_{AB} = u_A - u_B \\ u_{BC} = u_B - u_C \\ u_{CA} = u_C - u_A \end{cases} \qquad (4.2.7)$$

线电压的有效值用 U_l 表示,相电压有效值用 U_p 表示。

根据式(4.2.6)线电压的相位超前其所对应的相电压 30°。线电压对称,线电压有效值是相电压的 $\sqrt{3}$ 倍,即 $U_l = \sqrt{3}U_p$。 如图 4.2.8 所示是星形连接线电压与相电压的相量图。

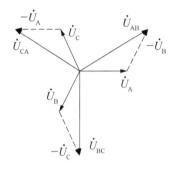

图 4.2.8　星形连接的线电压与
相电压相量图

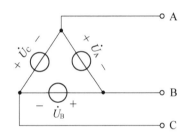

图 4.2.9　三相电源的三角形
(△形)连接

2. 三相电源的三角形(△形)连接

三相绕组的首端与另一相的末端依次连接,构成一个闭合回路,然后从三个连接点引出三条相线。可以看出这种连接法供电只需三条导线,如图 4.2.9 所示。

其线电压与相电压的关系为

$$\begin{cases} \dot{U}_{AB} = \dot{U}_A \\ \dot{U}_{BC} = \dot{U}_B \\ \dot{U}_{CA} = \dot{U}_C \end{cases} \qquad \begin{cases} u_{AB} = u_A \\ u_{BC} = u_B \\ u_{CA} = u_C \end{cases}$$

线电压的有效值与相电压有效值相等,即

$$U_l = U_p$$

4.3　三相电路中负载的连接

负载分为三相负载与单相负载,三相负载需三相电源同时供电,如三相电动机;单相负载只需一相电源供电,如照明负载、家用电器。

三相负载分为对称三相负载与不对称三相负载,对称三相负载满足 $Z_A = Z_B = Z_C$,不对称三

相负载不满足 $Z_A = Z_B = Z_C$。

三相负载也有 Y 形和 △ 形两种接法,至于采用哪种方法,要根据负载的额定电压和电源电压确定。

三相负载的连接原则:

(1) 电源提供的电压＝负载的额定电压;

(2) 单相负载尽量均衡地分配到三相电源上。

4.3.1　负载星形连接的三相电路

将负载 Z_A、Z_B、Z_C 的一端连在一起,并与电源的中性点 N 连接,各相另一端分别连接在电源的三根火线,如图 4.3.1 所示。

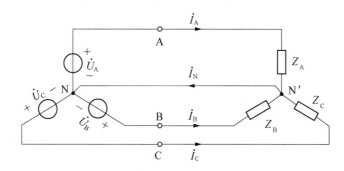

图 4.3.1　负载星形连接

每相负载两端的电压称为负载的相电压,流过每相负载的电流称为负载的相电流。

流过相线的电流称为线电流,相线与相线之间的电压称为线电压。

负载为星形连接时,负载相电压的正方向规定为自相线指向负载中性点。相电流的正方向与相电压的正方向一致。线电流的正方向为自电源端指向负载端。中线电流的正方向规定为由负载中点指向电源中点。

负载 Y 形连接带中性线时,可将各相分别看作单相电路计算。

负载星形连接的特点:

(1) 每相负载相电压等于电源的相电压:$U_l = \sqrt{3} U_p$。

(2) 相电流等于对应的线电流:$I_p = I_l$。

(3) 中线电流等于三相电流之和:$\dot{I}_N = \dot{I}_A + \dot{I}_B + \dot{I}_C$

并且每相电流为

$$\dot{I}_A = \frac{\dot{U}_A}{Z_A}, \qquad \dot{I}_B = \frac{\dot{U}_B}{Z_B}, \qquad \dot{I}_C = \frac{\dot{U}_C}{Z_C}$$

如果是对称负载,则

$$\dot{I}_N = \dot{I}_A + \dot{I}_B + \dot{I}_C = 0$$

中性线无电流,可省掉中性线。

负载对称时,只需要计算一相电流,其他两相电流可根据对称性直接写出。

例如:由 $\dot{I}_A = 20 \underline{/30°}$ (A) 可推出,$\dot{I}_B = 20 \underline{/-90°}$ (A),$\dot{I}_C = 20 \underline{/150°}$ (A)。

【**例 4.3.1**】 在如图 4.3.2 所示的对称三相电路中,已知电源为正序且 $\dot{U}_{AB}=380\angle 0°$(V),每相阻抗 $Z=(40+j30)\Omega$,求各相电流值,用 MATLAB/Simulink 仿真出各相电流波形图并画出各相电流相量图。

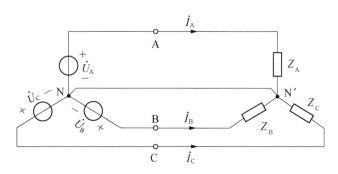

图 4.3.2 【例 4.3.1】电路图

解 $\dot{U}_{AB}=\sqrt{3}\dot{U}_{A}\angle 30°$;$\dot{U}_{A}=\dfrac{\dot{U}_{AB}}{\sqrt{3}}\angle -30=220\angle -30°$(V)

则 $\dot{I}_{A}=\dfrac{\dot{U}_{A}}{Z_{A}}=4.4\angle -66.87°$(A)

$\dot{I}_{B}=\dot{I}_{A}\angle -120°=4.4\angle 173.13°$(A)

$\dot{I}_{C}=\dot{I}_{A}\angle 120°=4.4\angle 53.13°$(A)

MATLAB/Simulink 仿真模型如图 4.3.3 所示。为了能够清晰看到电源与负载的连接方式,采用三个单相电源连接成 Y 形,三个单相负载连接成 Y 形。

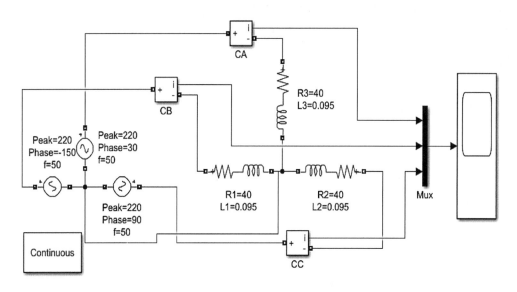

图 4.3.3 图 4.3.2 的 Simulink 电路仿真(程序 li431)

其中,电源参数:电压幅值 Peak amplitude (V)=220 V;相位 Phase (deg),A 相为 30°、B 相为 -150°、C 相为 90°;频率 Frequency (Hz)为 50 Hz。负载参数:电阻阻值为 40,根据感抗计算公式得电感值为 0.095。最终得三相电流波形如图 4.3.4 所示。

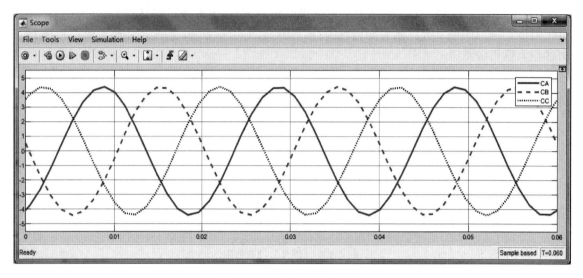

图 4.3.4　三相电流波形曲线

绘制三相电流相量图(图 4.3.5),MATLAB 程序如下:

```
iA=4.4 * exp(-1.167 * j);
iB=4.4 * exp(3.02 * j);
iC=4.4 * exp(0.92 * j);
ha=compass([iA iB iC]);
set(ha,'linewidth',3);
gtext('iA');gtext('iB');gtext('iC');
title('\fontsize{14}\bf 三相电流相量图');
```

其中:$\dot{I}_A = 4.4\ \angle{-66.87°} = 4.4e^{-j66.87°} = 4.4e^{-j1.167}$;

$\qquad \dot{I}_B = 4.4\ \angle{173.13°} = 4.4e^{j173.13°} = 4.4e^{j3.02}$;

$\qquad \dot{I}_C = 4.4\ \angle{53.13°} = 4.4e^{j53.13°} = 4.4e^{j0.92}$ 。

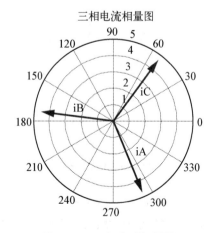

图 4.3.5　三相电流相量图

4.3.2　负载三角形连接的三相电路

负载的三角形连接如图 4.3.6 所示。

对称三相电源为 Y 形连接,再与三角形负载形成 Y-△形连接(三相三线制),如图 4.3.7 所示。

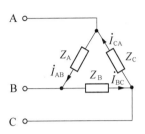

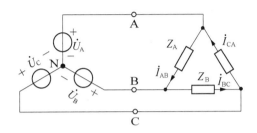

图 4.3.6　负载三角形连接　　　　图 4.3.7　Y-△形连接三相交流电路

负载三角形连接的电路具有以下基本关系:

(1) 各相负载承受电源线电压:A 相两端电压为 $\dot{U}_{AB}$、B 相两端电压为 $\dot{U}_{BC}$、C 相两端电压为 $\dot{U}_{CA}$,且无论负载是否对称,电源总是对称的。

(2) 各相电流可分成三个单相电流分别计算:

$$\dot{I}_{AB}=\frac{\dot{U}_{AB}}{Z_{A}}, \quad \dot{I}_{BC}=\frac{\dot{U}_{BC}}{Z_{B}}, \quad \dot{I}_{CA}=\frac{\dot{U}_{CA}}{Z_{C}} \tag{4.3.1}$$

(3) 各线电流由相邻两相的相电流决定,当负载对称时:

$$\begin{cases} \dot{I}_{A}=\dot{I}_{AB}-\dot{I}_{CA}=\dot{I}_{AB}-\dot{I}_{AB}\underline{/120°}=\sqrt{3}\,\dot{I}_{AB}\underline{/-30°} \\ \dot{I}_{B}=\dot{I}_{BC}-\dot{I}_{AB}=\dot{I}_{BC}-\dot{I}_{BC}\underline{/120°}=\sqrt{3}\,\dot{I}_{BC}\underline{/-30°} \\ \dot{I}_{C}=\dot{I}_{CA}-\dot{I}_{BC}=\dot{I}_{CA}-\dot{I}_{CA}\underline{/120°}=\sqrt{3}\,\dot{I}_{CA}\underline{/-30} \end{cases} \tag{4.3.2}$$

线电流的有效值 I_1 是相电流有效值 I_p 的 $\sqrt{3}$ 倍,即 $I_1=\sqrt{3}\,I_p$,线电流滞后相电流 $30°$。

【例 4.3.2】　如图 4.3.8 所示电路,设三相电源线电压为 380 V,三角形连接的对称三相负载每相阻抗 $Z=4+j3(\Omega)$,求各相电流和线电流。

解　设 $\dot{U}_{UV}=380\underline{/0°}$(V),则

$$\dot{I}_{UV}=\frac{\dot{U}_{UV}}{Z}=\frac{380\underline{/0°}}{4+j3}=76\underline{/-36.9°}\,(A)$$

根据对称三相电路的特点可以直接写出其余两相电流:

$$\dot{I}_{VW}=76\underline{/-156.9°}\,(A)$$

$$\dot{I}_{WU}=76\underline{/83.1°}\,(A)$$

根据对称负载三角形连接时线电流和相电流的关系有:

$$\dot{I}_{V}=\sqrt{3}\,\dot{I}_{VW}\underline{/-30°}=131.6\underline{/-186.9°}=131.6\underline{/173.1°}\,(A)$$

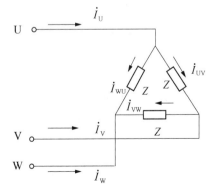

图 4.3.8　**【例 4.3.2】**电路图

$$\dot{I}_{\mathrm{U}} = \sqrt{3}\,\dot{I}_{\mathrm{UV}} \underline{/-30°} = 131.6 \underline{/-66.9°}\,(\mathrm{A})$$

$$\dot{I}_{\mathrm{W}} = \sqrt{3}\,\dot{I}_{\mathrm{WU}} \underline{/-30°} = 131.6 \underline{/53.1°}\,(\mathrm{A})$$

4.4 三相电路的功率

三相交流电路是三个单相交流电路的组合,因此不论三相负载采用何种连接方式或三相负载对称与否,三相交流电路的有功功率 P(总功率)等于三相功率之和:

$$P = P_{\mathrm{A}} + P_{\mathrm{B}} + P_{\mathrm{C}} = U_{\mathrm{A}}I_{\mathrm{A}}\cos\varphi_{\mathrm{A}} + U_{\mathrm{B}}I_{\mathrm{B}}\cos\varphi_{\mathrm{B}} + U_{\mathrm{C}}I_{\mathrm{C}}\cos\varphi_{\mathrm{C}} \tag{4.4.1}$$

当三相负载对称时:

$$P = 3P_{\mathrm{A}} = 3U_{\mathrm{p}}I_{\mathrm{p}}\cos\varphi \tag{4.4.2}$$

三相交流电路的无功功率 Q:

$$Q = Q_{\mathrm{A}} + Q_{\mathrm{B}} + Q_{\mathrm{C}} \tag{4.4.3}$$

当三相负载对称时:

$$Q = 3U_{\mathrm{p}}I_{\mathrm{p}}\sin\varphi \tag{4.4.4}$$

三相交流电路的视在功率 S:

$$S = \sqrt{P^2 + Q^2} \tag{4.4.5}$$

当三相负载对称时:

$$S = 3U_{\mathrm{p}}I_{\mathrm{p}} \tag{4.4.6}$$

在计算三相对称负载功率时,无论是星形连接还是三角形连接的对称负载,都有 $3U_{\mathrm{p}}I_{\mathrm{p}} = \sqrt{3}U_{\mathrm{l}}I_{\mathrm{l}}$,则:

$$P = \sqrt{3}U_{\mathrm{l}}I_{\mathrm{l}}\cos\varphi \tag{4.4.7}$$

$$Q = \sqrt{3}U_{\mathrm{l}}I_{\mathrm{l}}\sin\varphi \tag{4.4.8}$$

$$S = \sqrt{3}U_{\mathrm{l}}I_{\mathrm{l}} \tag{4.4.9}$$

4.5 安全用电常识

1. 安全电流与电压

当人体接触带电体或人体与带电体之间产生闪击放电时,则有一定的电流通过人体,从而造成人体受伤甚至死亡的现象,称为触电。触电的伤害程度与电流的大小、流经人体的路径(是否经过心脏等重要器官)、触电持续的时间、人体自身的情况(如人体电阻)等因素有关。

(1) 安全电流

感知电流:能引起人类感觉的最小电流。

摆脱电流:正常人触电后能自主摆脱的最大电流。

致命电流：在短时间内危及生命的最小电流。

电流对人体的影响如表 4.5.1 所示。

表 4.5.1　电流对人体影响

名　　称	成年男性		成年女性
感知电流	工频	1.1 mA	0.7 mA
摆脱电流	工频	9 mA	7 mA
致命电流	工频 50 mA		

我国规定，人体允许的安全工频电流为 30 mA，危险工频电流为 50 mA。电流频率在 40～60 Hz 对人体的伤害最大。

（2）安全电压

伤害的程度取决于通过人体电流的大小，而电流大小取决于触电电压和人体电阻的大小。人体电阻通常为 $10^4 \sim 10^5$ Ω，但在电压较高时会发生击穿，角质外层被破坏，迅速下降到 800～1 000 Ω。触电电压是决定触电危险性的关键因素，电压越高，通过人体的电流越大，人就越危险。通常把 36 V 以下的电压定为安全电压。

安全电压等级及其选用举例见表 4.5.2。

表 4.5.2　安全电压等级及选用举例

安全电压（交流有效值）		选　用　举　例
额定值	空载上限值	
42 V	50 V	在有触电危险的场所使用的手持电动工具等
36 V	43 V	在矿井中多导电粉尘等场所使用的行灯等
24 V	29 V	可供某些人体可能偶然触及的带电设备选用
12 V	15 V	
6 V	8 V	

2. 触电

（1）单相触电

单相触电指人体的某个部位只接触到电源的某一相，如图 4.5.1 所示为常见的单相触电情况。

中性点接地单相触电加在人体上的电压是相电压，为 220 V。回路电阻＝人体电阻＋人与带电体间接触电阻＋人与地面接触电阻。如果人体与地面的绝缘较好，危险性可以大大减小。

中性点不接地单相触电指人体接触一根相线，电流通过输电线与大地间的分布电容和绝缘电阻，再回到中性点而触电。人体与电容构成星形连接三相不对称负载，绝缘越差，加在人体上的电压越高。

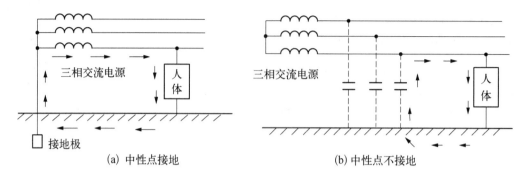

(a) 中性点接地　　　　　　　　　　(b) 中性点不接地

图 4.5.1　单相触电

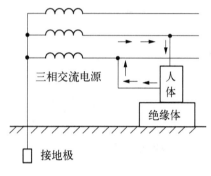

图 4.5.2　两相触电

（2）两相触电

两相触电指人体两处同时分别触及两相带电体而触电，如图 4.5.2 所示。加在人体上的电压是线电压，在 380 V/220 V电网中是 380 V。通过人体的电流取决于人体电阻和人体触及两相带电体的接触电阻之和。这种触电方式最危险。

（3）跨步电压触电

如图 4.5.3 所示，当带电体碰地有电流流入地下时，接地点周围的土壤产生电压降，人体两脚处于不同电位梯度时会造成跨步电压触电。跨步电压 U_K 是指，人体两脚处于不同电位梯度时承受的电压，一般在碰地点 20 m 之外，跨步电压就降为 0。若误入危险区，应双脚并拢或单脚跳离。

（4）间接接触触电

间接接触触电是指电气设备发生故障时，人体接触设备的带电外露可导电部分或外界可导电部分而造成的触电，如图 4.5.4 所示。其中，外露可导电部分指电气设备能够触及的部分，外界可导电部分不是电气设备的组成部分。电气设备外壳一般不导电，但长时间运转，外壳可能带电。

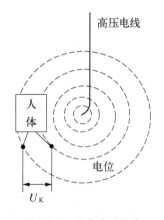

图 4.5.3　跨步电压触电

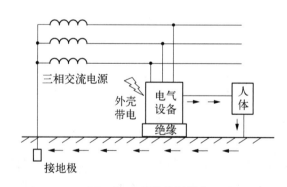

图 4.5.4　间接接触触电

3. 防止触电的保护措施

（1）保护接地

保护接地适用于中性点不接地的低压电网，就是将电气设备外壳与接地线之间做良好的金属连接,降低接点的对地电压,避免人体触电危险,如图 4.5.5 所示。运行中的电气设备,若因某种原因意外地使外壳带电,因为外壳接有保护接地线且接地电阻很低(不大于 4 Ω),漏电电流由此流入大地,在外壳上呈现出的电压较低,不足以给人生命造成威胁。一旦人体接触时,因为人体电阻很大(600~1 000 Ω),远远大于接地电阻,此时可看成两个电阻并联,这样大部分的漏电电流就经接地线(分流作用)流入大地,而流经人体的电流就很小,人体的接触电压很小,从而降低了对人体的威胁。

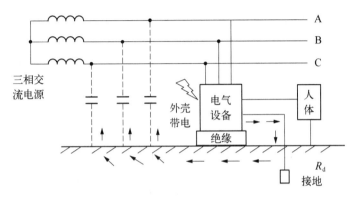

图 4.5.5　保护接地

(2) 保护接零

保护接零指在电源中性点接地的系统中,将电气设备的外壳可靠地接到中性线上,如图 4.5.6 所示。当电气设备绝缘损坏造成某一相线碰壳,使电气设备外壳带电时,因外壳与零线连接,使该相线和零线构成回路,形成单相短路电流,由于其短路电流很大,使保护设备动作(如熔断器熔断),将故障设备从电源切除,防止人身触电。即使在熔断器熔断前人体接触外壳,因为人体电阻远大于线路电阻,通过人体的电流也会很小。采用保护接零时,应注意不能将保护接地和保护接零混用,而且电源中性点接地必须可靠。

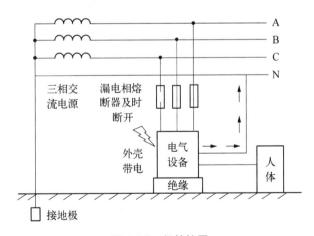

图 4.5.6　保护接零

(3) 安全距离保护

带电体与地面间、带电体与其他设备间、带电体与带电体间应留有安全距离。常见的安全距离见表 4.5.3。

表 4.5.3　工作人员正常活动范围与带电设备的安全距离

电压等级/kV		10 及以下	20～35	22	60～110	220	330
安全距离 /m	无遮拦	0.70	1.00	1.20	1.50	2.00	3.00
	有遮拦	0.35	0.60	0.90	1.50	2.00	3.00

（4）绝缘保护

绝缘保护是指用绝缘体把可能形成的触电回路隔开。主要有以下几种方式：外壳绝缘，即在电气设备的外壳装上防护罩；场地绝缘，即在人体站立的地方用绝缘层垫起来，使人体与大地隔离；工具绝缘，即电工工具手柄上套有耐压 500 V 的绝缘套；戴绝缘手套操作。

习题四

一、填空题

1. 电力系统是由发电厂、变电所、_____和电能用户组成的一个整体。

2. 发电厂将一次能源转换为_____。

3. 无论是高压配电线路，还是低压配电线路，连接方式都分为_____、_____和_____三种。

4. 线路的额定电压实际就是_____。

5. 三相电压经一定方式连接后构成三相电源，连接方式分为_____和_____两种。

二、判断题

1. 为了补偿电网上的电压损失，一般发电机的额定电压比同级电网的额定电压要高 5%。（　　）

2. 变压器的一次和二次绕组的额定电压一定相同。（　　）

3. 供电可靠性是以对用户停电的时间及次数来衡量的。（　　）

4. 对称三相电动势是一组频率相同、幅值相等、相位相同的三个电动势。（　　）

5. 负载的三角形接线中，线电流的有效值是相电流有效值的 $\sqrt{3}$ 倍。（　　）

6. 发电机的额定电压一般比同级电网额定电压高 5%。（　　）

三、选择题

1. 不属于电力网的设备是（　　）。

　　A. 输电设备　　　　　　　B. 发电设备　　　　　　　C. 配电设备　　　　　　　D. 变电设备

2. 对称三相负载是指（　　）。

　　A. $R = X_L = X_C$　　　　B. $Z_A = Z_B = Z_C$　　　　C. $\varphi_A = \varphi_B = \varphi_C$　　　　D. $R = X$

3. 对称三相电路的有功功率 $P = \sqrt{3} U_L I_L \cos\varphi$，其中 φ 为（　　）。

　　A. 相电压与相电流之间的相位差　　　　　　　B. 线电压与线电流之间的相位差

　　C. 线电压与相电压之间的相位差　　　　　　　D. 相电流和线电流之间的相位差

4. 下列触电方式中最危险的是（　　）。

　　A. 双相触电　　　　　　　　　　　　　　　B. 中性点直接接地的单相触电

　　C. 中性点不直接接地的单相触电

5. 一般场合，常用安全电压为（　　），而在潮湿的工作场所，安全电压就要降低。

　　A. 25 V　　　　　　　B. 36 V　　　　　　　C. 43 V　　　　　　　D. 30 V

四、名词解释

1. 电力系统

2. 电力网

3. 电能用户

4. 供电质量

5. 安全电流

6. 电压偏差

五、简答题

1. 简述变电所的功能。

2. 配电线路的连接方式有哪些?

3. 决定用户供电质量的指标有哪些?

4. 防触电安全技术有哪些?

5. 供电可靠性以什么来衡量?

6. 简述三相交流发电机的主要结构。

7. 什么是安全电流和安全电压? 我国安全电压标准规定的交流安全电压的系列是什么?

8. 什么是电力系统? 供配电系统由哪些部分组成?

六、计算题

1. 已知如图 4-1 所示系统中线路的额定电压,试求发动机和变压器 1 的额定电压。

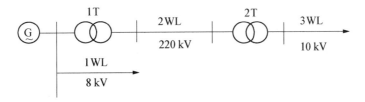

图 4-1

2. 在图 4-2 所示的对称三相电路中,已知电源正序,电压线电压为 $\dot{U}_{AB}=380\angle 0°$ (V),相电压分别为 $\dot{U}_A$、$\dot{U}_B$、$\dot{U}_C$,每相阻抗相等,阻抗为 $Z_A=Z_B=Z_C=Z=(12+j16)(\Omega)$,求各相电流值。

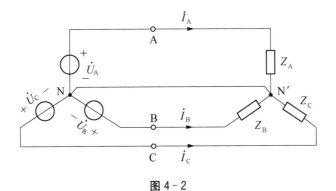

图 4-2

3. 图 4-3 所示三相交流电路,已知线电压 $\dot{U}_{AB} = 380 \angle 30° \text{(V)}$,三相对称电感性负载 1 的有功功率为 10 kW,功率因数为 0.866;对称负载 2 的 $Z_2 = 6 + j8 \text{(Ω)}$。 求:

(1) $\dot{I}_1$、$\dot{I}_2$ 和 $\dot{I}$;

(2) 电路总的有功功率 P 和总的功率因数 $\cos \varphi$。

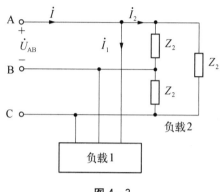

图 4-3

4. 绕组星形连接的三相交流电动机,接到三相电源上,已知线电压 $\dot{U}_{AB} = 380 \angle 0° \text{(V)}$,线电流 $\dot{I}_A = 2.2 \angle -53.1° \text{(A)}$,试计算该电动机每相绕组的阻抗。

5. 三相对称负载阻抗 $Z = 29 + j21.8 \text{(Ω)}$,接到线电压 $U_1 = 380 \text{ V}$ 的三相电源上,求负载进行星形连接时的线电流和三相负载所消耗的有功功率。

6. 三相四线制电路中,如图 4-4 所示,已知每相负载阻抗为 $Z = 6 + j8 \text{(Ω)}$,外加线电压为 380 V,试求负载的相电压和相电流,并用 MATLAB/Simulink 验证。

7. 如图 4-5 所示电路,设三相电源线电压为 380 V,三角形连接的对称三相负载每相阻抗 $Z = 4 + j3 \text{(Ω)}$,求各相电流和线电流,并用 MATLAB/Simulink 验证。

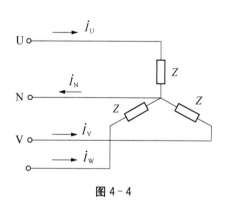

图 4-4

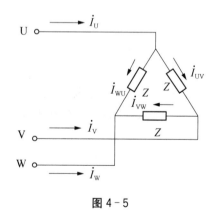

图 4-5

第5章 磁路与变压器

前面已经讨论了电路的基本定律和分析计算各种电路的基本方法。在电气工程中大量用到的很多电气设备(如电动机、变压器、电磁铁、电工测量仪表等)及各种铁磁元件,其内部都有铁芯线圈,都是利用电磁相互作用原理进行工作的。这些电气设备和元件的铁芯线圈中不仅有电路的问题,还有复杂的磁路问题。只有同时掌握了电路和磁路的基本理论和基本定律,才能对各种电气设备做全面系统的分析。

本章重点分析磁路中涉及的铁磁材料的基本性能、磁场基本物理量、磁场的基本定律和磁路的基本应用。

5.1 磁路的基本概念

5.1.1 磁场的基本物理量

1. 磁路

线圈中通以电流就会在其周围的整个空间产生磁场。为了充分有效地利用磁场能量,以较小的励磁电流产生较强的磁场,通常用高导磁性能铁磁材料做成一定形状的铁心,把线圈绕在铁心上面。当线圈通以电流时,磁通大部分经过铁芯而形成闭合回路,这种磁通集中通过的闭合路径就称为磁路。如图 5.1.1 所示的变压器和电动机的磁路。

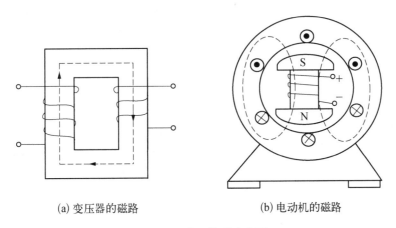

(a) 变压器的磁路　　　　　　　　　(b) 电动机的磁路

图 5.1.1　常见的磁路应用

2. 磁感应强度 B

磁感应强度 B 是表示磁场内某点磁场强弱(磁力线的多少)和磁场方向(磁力线的方向)的物理量。它是个矢量,其方向与产生该磁场的电流方向之间符合右手螺旋法则。磁感应强度 B 的表达式为

$$B = \frac{F}{lI} \tag{5.1.1}$$

式中，F 为磁场力（洛伦兹力或安培力），单位为牛（N）；I 为导体中电流强度，单位为安（A）；l 为导体在磁场中的有效长度，单位为米（m）；B 为磁感应强度，单位为特斯拉（T）。

如果一个磁场中各点磁感应强度大小相等、方向相同，则可称为匀强磁场。

3. 磁通 Φ

磁场中某一面积 A 的磁感应强度 B 的通量称为磁通，用符号 Φ 表示，表达式为

$$\Phi = \int_A B \, \mathrm{d}A \tag{5.1.2}$$

式中，$\mathrm{d}A$ 为单位面积元。磁通为标量，单位为韦伯（Wb）。

对于均匀磁场，磁通等于磁感应强度 B 与垂直于磁场方向的面积的乘积，即 $\Phi = BA$。

由于铁磁性物质的导磁性能强，可将其按照电器结构要求做成所需形状的铁芯，将线圈绕在铁芯上，从而使铁芯中的磁通大大增强。磁通的大部分经过铁芯形成闭合通路，只有很少部分经过空气或其他材料。通过铁芯的磁通称为主磁通，铁芯外的磁通称为漏磁通，一般情况下漏磁通很少，常略去不计。

4. 磁导率 μ

磁导率 μ 是表示介质磁性能的物理量，是介质的导磁能力，单位是亨每米（H/m）。真空磁导率为 $\mu_0 = 4\pi \times 10^{-7}$ H/m。

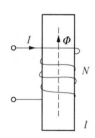

图 5.1.2　线圈

任何一种介质的相对磁导率是该介质的磁导率与真空磁导率的比值，用 μ_r 表示。在说明物质的导磁能力时，常用相对磁导率，即

$$\mu_r = \frac{\mu}{\mu_0} \tag{5.1.3}$$

如图 5.1.2 所示的线圈通电后，在其周围产生磁场。磁场强弱与通过线圈的电流 I 和线圈的匝数 N 的乘积成正比。线圈内部 x 处各点的磁感应强度可表示为

$$B_x = \mu \frac{NI}{l_x} \tag{5.1.4}$$

5. 磁场强度 H

磁场强度 H 是一个矢量，其方向和磁感应强度 B 的方向一致，其大小是磁感应强度 B 与磁介质的磁导率 μ 的比值。磁场强度 H 与磁感应强度 B 之间关系如下：

$$H = \frac{B}{\mu} \tag{5.1.5}$$

磁场强度的单位是安培每米（A/m）。

5.1.2　磁场的基本定律

1. 安培环路定律

磁场强度沿任意闭合路径 l 上的线积分等于该闭合路径所包围的导体电流的代数和，即

$$\oint H \mathrm{d}l = \sum I \tag{5.1.6}$$

在无分支的均匀磁路(磁路的材料和截面积相同,各处的磁场强度相等)中,如图 5.1.3 所示,安培环路定律可写成:

$$NI = Hl \tag{5.1.7}$$

根据式(5.1.7),磁场强度可表示为

$$H = \frac{NI}{l} \tag{5.1.8}$$

式中,N 为线圈的匝数,I 为通过线圈的电流,NI 称为磁动势 F'(也称磁通势);H 为磁路中心处的磁场强度,l 为磁路长度。

2. 磁路欧姆定律

图 5.1.3 中,把磁通集中经过的路径称为磁路,很少的一部分磁通经过空气或其他材料闭合,形成漏磁通。根据式(5.1.5)与式(5.1.7),环形铁芯内的磁感应强度为

$$B = \mu H = \mu \cdot \frac{NI}{l} \tag{5.1.9}$$

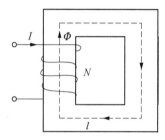

图 5.1.3 磁路

磁阻用来描述磁性材料对磁通的阻碍作用,用符号 R_m 表示。磁阻大小与磁路长度成正比,与磁路截面积 S 成反比,与磁性材料的磁导率有很大的关系。

$$R_\mathrm{m} = \frac{l}{\mu S} \tag{5.1.10}$$

磁路欧姆定律,可表示为

$$\Phi = \frac{NI}{\dfrac{l}{\mu S}} = \frac{F'}{R_\mathrm{m}} \tag{5.1.11}$$

如果将式(5.1.11)中的磁动势 F' 比作电路中的电动势,磁通 Φ 比作电路中的电流,将磁阻 R_m 比作电路中的电阻,则该式与欧姆定理相似,所以称式(5.1.11)为磁路欧姆定理。

磁路欧姆定律表明,磁路中的磁通与磁动势成正比,与磁阻成反比。

3. 电磁感应定律

线圈置于变化的磁通中,就会产生感应电动势。线圈中感应电动势的大小与穿过该线圈的磁通变化率成正比,这一规律称为法拉第电磁感应定律。线圈产生感应电动势大小为

$$e = -N \frac{\mathrm{d}\Phi}{\mathrm{d}t} \tag{5.1.12}$$

式中,N 为线圈的匝数,$\mathrm{d}\Phi$ 为单匝线圈中磁通量的变化量,$\mathrm{d}t$ 为磁通变化 $\mathrm{d}\Phi$ 所用时间,e 为产生的感应电动势。线圈中感应电动势的大小,与磁通变化速度有关,与磁通大小无关。感应电动势的方向由磁通方向与右手定则确定。

4. 磁路与电路的比较

磁路与电路有许多相似之处，如表 5.1.1 所示。

表 5.1.1　电路与磁路的基本物理量及基本定律对照表

磁　　　路	电　　　路
磁动势 F'	电动势 E
磁通 Φ	电流 I
磁感应强度 B	电流密度 J
磁阻 $R_{\mathrm{m}} = \dfrac{l}{\mu S}$	电阻 $R = \dfrac{l}{\gamma S}$
$\Phi = \dfrac{F'}{R_{\mathrm{m}}}$	$I = \dfrac{E}{R}$

5.1.3　铁磁性材料的基本性能

铁磁性材料主要指铁、钴、镍及其合金，它具有高导磁性、磁饱和性及磁滞性。

1. 高导磁性

由磁路欧姆定律可见，在产生同样大小磁通 Φ 的前提下，具有铁芯的线圈（μ 大，相对磁导率可达几百至几万倍，R_{m} 小）中所需通入的励磁电流 I 比相同线圈但没有铁芯时要小得多。这就解决了电机、变压器及各种电工仪表中既要磁通大，又要励磁电流小的矛盾。用铁磁性材料做成铁芯，可以用较小的电流得到很强的磁场，这对减小电工设备的重量和体积是十分有用的。随着优质磁性材料的不断开发和广泛应用，电工设备的性能在不断改善。

磁性材料的磁导率通常都很高，能很容易被磁化，具有很好的导磁性能。

2. 磁饱和性

每种磁性材料都有一个反映其导磁性的 B - H 曲线，如图 5.1.4 所示。根据此曲线以及磁导率 μ 和磁感应强度 B 的关系，可以求得磁性材料的 μ 和 H 的关系，如图 5.1.5 所示。它反映了在某磁场强度下，该材料的磁导率 μ 的值。

铁、镍等磁性材料的导磁性能是在其受磁化后表现出来的，但磁性材料由于磁化作用的加强，所产生的磁场强度不会无限制地增加。如在励磁电流的作用下，铁芯受到磁化，产生磁场，其 B

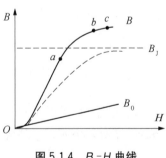

图 5.1.4　B - H 曲线

与 H 的关系如图 5.1.4 所示。

由图 5.1.4 可知,磁性材料的磁化曲线可分为四段: Oa 段, B 与 H 几乎成正比地增加; ab 段,随着外磁场 H 的增加,铁磁性材料中的磁感应强度 B 增速变缓; bc 段,外磁场 H 继续增加,铁磁性材料中 B 的增长率反而变小; c 点之后, B 随 H 的增长率很小,几乎与空气中的情况相近,这种现象称为磁饱和。在 ab 段铁磁性材料的导磁能力已经很强了。一般希望工作在 b 点附近,这样既不至于将铁芯磁化到饱和状态,又提高了材料的利用率。

几乎所有的磁性材料都具有磁饱和性, B 和 H 不成正比例关系,所以其磁导率 μ 不是常数,按图 5.1.5 所示曲线随 H 变化。

3. 磁滞性

磁化曲线反映磁性材料在磁场强度由零逐渐增加时的磁化特性。在实际中,磁性材料多处于交变的磁场中,通过实验测出磁性材料在 H 大小和方向做周期变化时 B - H 曲线,通常称为磁滞回线,如图 5.1.6 所示。

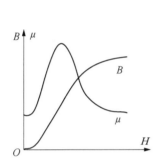

图 5.1.5 磁性材料的 B 和 μ 与 H 的关系

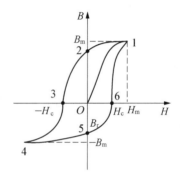

图 5.1.6 磁滞回线

当 H 从零增大, B 沿 01 曲线增大,磁感应强度在 1 点处达到饱和状态。到饱和状态时的磁感应强度,称为饱和磁感应强度。饱和磁感应强度用 B_{m} 表示。

当 H 减小直到零时, B 沿着曲线 12 减小。当 $H=0$ 时, B 的曲线是 02,也就是外磁场消失,还存在一定磁感应强度,这就是磁性材料的剩磁现象。

为了消除剩磁,加入反向磁场, H 的曲线是 03 时, $B=0$,也就是剩磁消失,通常剩磁用 B_{r} 表示。把加入反向的外磁场称为矫顽磁力(简称"矫顽力"),用 H_{c} 表示。继续增加反向磁场 H , B 沿曲线 34 磁化,磁感应强度在 4 点处达到饱和状态。05 曲线同样为剩磁曲线,06 曲线为矫顽磁力曲线。磁性材料在反复磁化的过程中,磁感应强度 B 的变化落后于磁场强度 H 的变化,称为磁滞现象。磁性材料反复磁化所具有的磁滞现象将产生热量,并耗散掉,称为磁滞损耗,其大小与磁滞回线的面积成正比。

不同铁磁材料的磁滞回线面积和形状是不同的,通常将磁性材料分为软磁材料、硬磁材料、矩磁材料三类,其磁滞回线面积和形状如图 5.1.7 所示。

软磁材料具有磁导率高、易磁化和易去磁、矫顽力和剩磁 B_{r} 小、磁滞回线较窄、磁滞损耗小等特点。常用的材料有电工纯铁、硅钢、铁镍合金、铁铝合金和铁氧体等。

硬磁材料具有剩磁 B_{r} 和矫顽磁力均较大、难磁化、磁化后不易消磁等特点。常用的材料有碳钢、铁镍铝钴合金等。电工仪表、喇叭、受话器、永磁发电机中永久磁铁都是采用硬磁性材料制作。

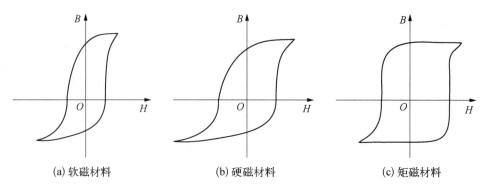

(a) 软磁材料　　　　　　(b) 硬磁材料　　　　　　(c) 矩磁材料

图 5.1.7　磁性材料磁滞回线

矩磁材料具有只要受较小的外磁场作用就能磁化到饱和、当外磁场去掉，产生的剩磁 B_r 较大、矫顽磁力较小等特点。磁滞回线几乎成矩形。常用的材料有镁锰铁氧化体、镁锰锌铁氧化体、镁锰锌铜铁氧化体等。主要用于计算机、自动控制和远程设备中做记忆元件（存储器）、逻辑元件、开关元件等。

【例 5.1.1】　一空心环形螺旋线圈，其平均长度为 40 cm，横截面积为 10 cm^2，匝数等于 100，线圈中的电流为 12 A，求线圈的磁阻、磁动势及磁通。

解　磁阻 $R_m = \dfrac{l}{\mu_0 S}$，应用如下 MATLAB 程序计算：

```
syms Rm l u S;
l＝0.4;u＝12.56e－7;S＝10e－4;
Rm＝l/(u＊S)
Rm＝
    3.1847e＋08
```

解得线圈的磁阻为 $R_m = 3.18 \times 10^8$；

磁动势 $F' = NI = 100 \times 12 = 1\,200\,(\mathrm{A})$

磁通 $\varPhi = \dfrac{F}{R_m}$，应用如下 MATLAB 程序计算：

```
syms Rm F A;
Rm＝3.1847e＋08;F＝1200;
A＝F/Rm
A＝
  3.7680e－06
```

其中，程序中的 A 为磁通 $\varPhi$，解得 $\varPhi = 3.77 \times 10^{-6}\,(\mathrm{Wb})$。

4. MATLAB 磁滞回线设计工具简介

图 5.1.8 是 MATLAB 系统中自带的磁滞回线设计工具，该设计工具的路径是 Simulink/Simscape/SpecializedPowerStstems/FundamentalBlocks/。

找到 powergui（Continuous）复制到空白模型窗口，双击 powergui 打开界面：Block

Parameters：powergui→tools→Hysteresis Design。

其中,要设置的参数如下：

（1）Segments：磁滞回线设定的线性段数量

（2）Remanent flux Fr：设定的剩磁磁通

（3）Saturation flux Fs：设定的饱和磁通

（4）Saturation current Is：设定的饱和电流

（5）Coercive current Ic：设定的矫顽电流

（6）dF/dI at coercive current：设定的矫顽电流处磁通相对电流变化率

（7）Saturation region currents：设定的饱和特性区的电流点

（8）Saturation region fluxes：设定的饱和特性的磁通点

（9）Nominal Parameters：设定的变压器额定参数

（10）Parameters units：参数量纲类型

参数设置后,按下【Update diagram】按钮可显示磁滞回线,如图 5.1.8 所示。

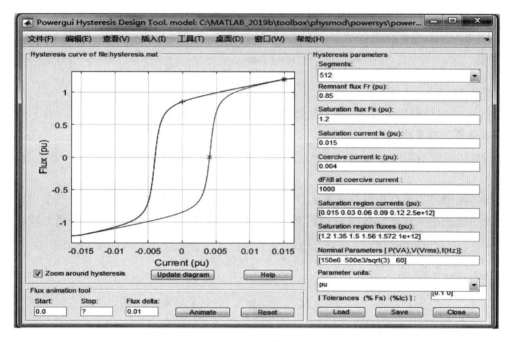

图 5.1.8　Simulink 磁滞回线设计工具

5.2　交流铁芯线圈磁路

磁路中的励磁线圈从电路的角度看,可以看作一个铁芯线圈电路。励磁电流是指在磁路中用来产生磁通的电流。铁芯线圈磁路按照励磁电流的性质不同,可以分为直流铁芯线圈磁路和交流铁芯线圈磁路。

直流铁芯线圈磁路比较简单,与一般的直流电路相同。下面讨论交流铁芯线圈磁路,如图 5.2.1 所示。

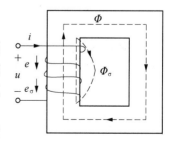

图 5.2.1　交流铁芯线圈磁路

5.2.1 电磁关系

交流铁芯线圈中通过的是交流电流（如交流电机、变压器及各种交流电器的线圈）。在交流磁路中，主磁通 Φ 是交变的，根据电磁感应定律，这种交变磁通在线圈内产生感应电动势 e。

1. 主磁通与感应电动势

当线圈外接正弦交流电压时，铁芯中的主磁通 Φ 也按照正弦规律变化。

设主磁通按正弦规律变化：

$$\Phi = \Phi_{\mathrm{m}} \sin \omega t \tag{5.2.1}$$

感应电动势：

$$e = -N \frac{\mathrm{d}\Phi}{\mathrm{d}t} = -N\omega\Phi_{\mathrm{m}}\cos\omega t$$

$$= 2\pi f N \Phi_{\mathrm{m}} \sin(\omega t - 90°)$$

$$= E_{\mathrm{m}} \sin(\omega t - 90°)$$

式中，E_{m} 是主磁通感应电动势的幅值，其有效值为

$$E = \frac{E_{\mathrm{m}}}{\sqrt{2}} = \frac{2\pi f N \Phi_{\mathrm{m}}}{\sqrt{2}} = 4.44 f N \Phi_{\mathrm{m}}$$

式中，f 是电源电压的频率，N 是线圈匝数，Φ_{m} 是主磁通的幅值。

2. 漏磁通与感应电动势

主磁通和漏磁通都要在线圈中产生感应电动势，一个是主磁电动势 e，另一个是漏磁电动势 e_{σ}。

励磁线圈中除了感应电动势 e 和 e_{σ} 之外，还有一定的电阻 R，电流通过时要产生电阻压降。由交流铁芯线圈中所规定的各电量的正方向，根据基尔霍夫电压定律可得电压平衡方程：

$$u = iR + (-e_{\sigma}) + (-e)$$

相量表示式为

$$\dot{U} = \dot{I}R + (-\dot{E}_{\sigma}) + (-\dot{E})$$

忽略电阻 R 的压降和漏磁电动势：

$$\dot{U} = -\dot{E}$$

有效值：

$$U \approx E = 4.44 f N \Phi_{\mathrm{m}} \tag{5.2.2}$$

恒磁通原理：在忽略线圈电阻 R 及漏磁通的条件下，在电源电压的有效值 U 和频率 f 保持不变时，只要线圈的匝数 N 保持定值，主磁通的最大值 Φ_{m} 就基本不变，与铁芯的材料及尺寸无关。

5.2.2 功率损耗

交流铁芯线圈电路的功率损耗分为两种：铜损和铁损。

1. 铜损

在交流铁芯线圈中,如图 5.2.2 所示,线圈电阻 R 上的功率损耗称铜损,用 ΔP_{Cu} 表示。

$$\Delta P_{Cu} = RI^2 \qquad (5.2.3)$$

式中,I 是线圈中电流的有效值。

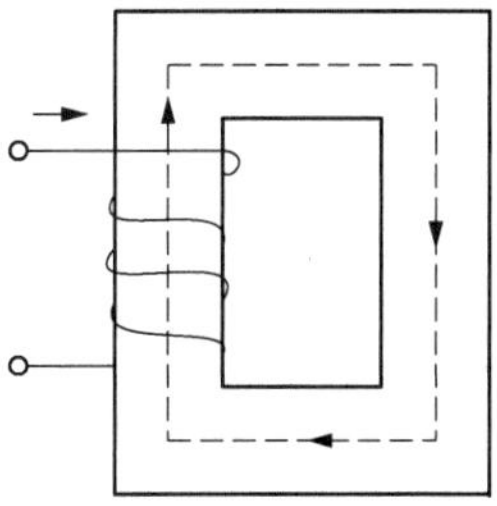

2. 铁损

发生在铁芯中的涡流损耗和磁滞损耗称为铁损,用 ΔP_{Fe}。

图 5.2.2　交流铁芯线圈

(1) 涡流损耗

线圈铁芯是磁性材料制成的,它既能导磁,又能导电。当铁芯中有交变磁通穿过时,不只是在线圈中产生感应电动势,而且在铁芯中与磁通方向垂直的平面上也要产生感应电动势,并产生感应电流,称为涡流,如图 5.2.3 所示。涡流损耗是由涡流所产生的功率损耗。

减少涡流损耗的常用措施有两种:一种是提高铁芯的电阻率;另一种是铁芯用彼此绝缘的钢片叠成(如电动机转子和定子),把涡流限制在较小的截面内,如图 5.2.4 所示。

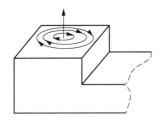

图 5.2.3　涡流

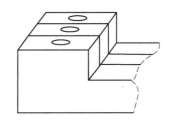

图 5.2.4　减少涡流损耗措施

涡流有有害的一面,但某些场合也有有利的一面,例如,利用涡流的热效应冶炼金属。

(2) 磁滞损耗

在交变磁场中,铁芯被反复磁化,产生功率损耗,并使铁芯发热,在交流电流的频率一定时,磁滞损耗与磁滞回线所包围的面积成正比。

磁滞损耗要引起铁芯发热。为了减小磁滞损耗,应选用磁滞回线狭小的磁性材料制造铁芯。硅钢就是变压器和电机中常用的铁芯材料,其磁滞损耗较小。

5.2.3　交流铁芯线圈的等效电路

铁芯线圈有能量的损耗和储放,可用具有电阻 R_0 和感抗 X_0 串联的电路等效。电阻 R_0 是和铁芯能量损耗(铁损)相应的等效电阻,感抗 X_0 是和铁芯能量储放相应的等效感抗。

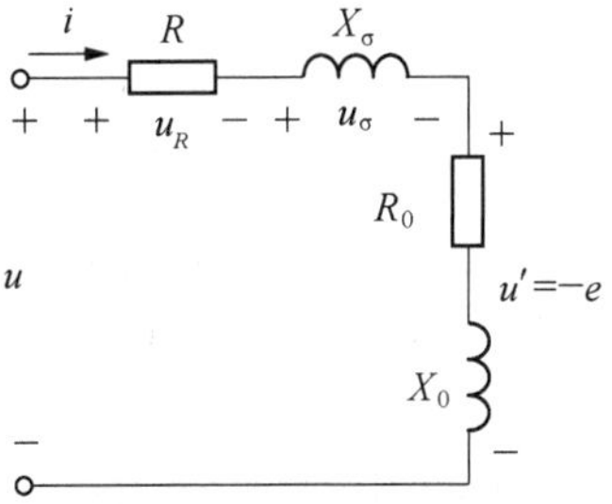

铁芯线圈的等效电路如图 5.2.5 所示。

其中,R 为线圈电阻,X_σ 为漏磁感抗,通常因漏磁通很小可忽略。

【例 5.2.1】　将匝数 $N = 100$ 的铁芯线圈接到电源电压 $U = 220\ V$ 的工频正弦电压源上,测得线圈的电流 $I = 4\ A$,功率 $P = 100\ W$,忽略漏磁通和线圈电阻,求:(1) 主磁通的最大值;(2) 铁芯线圈的等效电阻和感抗。

图 5.2.5　铁芯线圈等效电路

解 （1）$\Phi_{\mathrm{m}} = \dfrac{U}{4.44fN}$，可用如下 MATLAB 程序计算：

```
syms Am U f N;
U=220;f=50;N=100;
Am=U/(4.44*f*N);
Am=
    0.0099
```

其中程序中的 Am 为 Φ_{m}。

（2）铁芯线圈的等效阻抗模为

$$|Z_{\mathrm{m}}| = \frac{U}{I} = \frac{220}{4} = 55\ \Omega$$

阻抗角 $\varphi_{\mathrm{zm}} = \arccos\dfrac{P}{UI}$，可用如下 MATLAB 程序计算：

```
syms U I P Az;
U=220;I=4;P=100;
Az=acos(P/(U*I));rad2deg(Az)
ans=
    83.4750
```

其中，程序中 Az 为阻抗角 φ_{zm}。

等效电阻与等效感抗的计算公式分别如下：

$$R_{\mathrm{m}} = |Z_{\mathrm{m}}|\cos\varphi_{\mathrm{zm}} \qquad Z_{\mathrm{m}} = |Z_{\mathrm{m}}|\sin\varphi_{\mathrm{zm}}$$

分别应用如下 MATLAB 程序计算：

```
syms Rm;                        syms Zm;
Rm=55*cosd(83.475)             Zm=55*sind(83.475)
Rm=                            Zm=
    6.2500                         54.6437
```

解得等效电阻 $R_{\mathrm{m}} = 6.25\ \Omega$，等效电感 $Z_{\mathrm{m}} = 54.643\,7\ \Omega$。

5.3　电磁铁

电磁铁通常有线圈、铁芯和衔铁三个主要部分。其工作原理大致为：当线圈通电后，电磁铁的铁芯被磁化，吸引衔铁动作带动其他机械装置发生联动；当电源断开后，电磁铁铁芯的磁性消失，衔铁带动其他部件被释放。

电磁铁的一个主要参数是吸力 F，即线圈得电、铁芯被磁化后对衔铁的吸引力。它的大小与铁芯和衔铁间空气隙的截面积 S_0、空气隙中磁感应强度 B_0 有关。

$$F = \frac{10^7}{8\pi} B_0^2 S_0 \tag{5.3.1}$$

因为交流电磁铁中的磁场是交变的,所以设:

$$B_0 = B_m \sin \omega t \tag{5.3.2}$$

则电磁吸引力:

$$f = \frac{10^7}{8\pi} B_m^2 S_0 \sin^2 \omega t = \frac{10^7}{8\pi} B_m^2 S_0 \left(\frac{1 - \cos 2\omega t}{2} \right)$$

$$= F_m \left(\frac{1 - \cos 2\omega t}{2} \right) = \frac{1}{2} F_m (1 - \cos 2\omega t)$$

式中,F_m 是吸引力的最大值。其在一个周期内的平均值 $\bar{F}$ 为

$$\bar{F} = \frac{1}{T} \int_0^T f \, dt = \frac{1}{2} F_m = \frac{10^7}{16\pi} B_m^2 S_0$$

【例 5.3.1】　一交流接触器,其线圈电压 110 V, $f = 50$ Hz,线圈匝数 5 000 匝,线径 $d = 0.118$ mm,铁芯横截面积 $S_0 = 1$ cm^2。试求:(1) 铁芯中的最大磁通值 Φ_m 与磁感应强度 B_m;(2) 电磁铁的吸力。

解　根据感应电动势关系 $U \approx E = 4.44 f N \Phi_m$,$\Phi_m = \dfrac{U}{4.44 f N}$,磁通与磁感应强度的关系式 $\Phi_m = B_m S_0$,电磁铁吸力的平均值 $\bar{F} = \dfrac{10^7}{16\pi} B_m^2 S_0$,应用以下 MATLAB 程序计算:

```
syms Bm phim S0 F U F N;
S0=1e-4;U=110;f=50;N=5000;
phim=U/(4.44 * f * N);
Bm=phim/S0;
F=(Bm)^2 * S0 * 1e7/(16 * pi);
phim=
    9.9099e-05
Bm=
    0.9910
F=
    19.5375
```

计算结果:$\Phi_m = 9.9 \times 10^{-5}$ Wb,最大磁感应强度 $B_m = 0.991$ T,电磁铁吸力 $\bar{F} = 19.537\,5$ N。

5.4　变压器

变压器是一种静止的电气设备,它通过电磁感应的作用,把一种电压的交流电能变换成频率相同的另一种电压的交流电能,被广泛应用于输配电和电子线路中。

变压器一般按用途、相数、冷却介质、铁芯形式和绕组数分类。

(1) 按用途不同分：用于输配电的电力变压器、用于整流电路的整流变压器和用于测量技术的仪用互感器。

(2) 按变换电能相数不同分：单相变压器和三相变压器。

(3) 按冷却介质不同分：油浸变压器和干式变压器。

(4) 按铁芯形式不同分：芯式变压器和壳式变压器。

(5) 按绕组数不同分：双绕组变压器、自耦变压器、三绕组变压器和多绕组变压器。

5.4.1 变压器的基本结构

变压器由铁芯和绕在铁芯上的两个或多个线圈组成。铁芯的作用是构成磁路，为了减小涡流和磁滞损耗，常采用导磁性能好、厚度较薄、表面涂绝缘漆的硅钢片叠装而成。

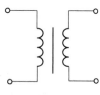

图 5.4.1
变压器图形符号

变压器的图形符号如图 5.4.1 所示。

通常把连接电源的绕组称为一次绕组，又称原方绕组或初级绕组，凡表示一次绕组各量的字母均标注下标"1"；接负载的绕组称为二次绕组，又称次级绕组或副边绕组，凡表示二次绕组各量的字母均标注下标"2"。虽然一次、二次绕组在电路上是分开的，但两者在铁芯上是处在同一磁路上的。为了防止变压器内部短路，绕组与绕组、绕组与铁芯之间要有良好的绝缘。

5.4.2 变压器的工作原理

变压器的工作原理就是电磁感应原理，通过一个共用的磁场，将两个或两个以上的绕组耦合在一起，进行交流电能的传递与转换。

1. 变压器空载运行

变压器的空载运行是指变压器的一次绕组加正弦交流电源、二次绕组开路的工作情况，如图 5.4.2 所示。

图中 u_1 为一次侧电源电压，u_{20} 为二次侧输出电压。变压器在空载状态下，二次绕组电流 $i_2 = 0$，此时的变压器就相当于是一个交流铁芯线圈。

当一个正弦交流电压 u_1 加在一次绕组两端时，一次绕组中就有交变电流 i_0 称为空载电流，空载电流一般都很小，仅为一次绕组额定电流的百分之几。空载电流通过一次绕组在铁芯中产生交变磁通，在交变主磁通的作用下，一次、二次绕组会产生感应电动势，分别为 e_1 和 e_2，漏磁通产生的漏磁电动势 $e_{\sigma 1}$ 很小，以下讨论中将其忽略。

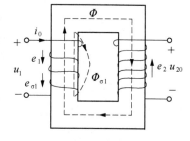

图 5.4.2 空载运行变压器

一次、二次绕组中产生的感应电动势分别是

$$u_1 \approx -e_1, \quad \dot{U}_1 \approx -\dot{E}_1 \tag{5.4.1}$$

则交流电源电压的有效值为

$$U_1 \approx E_1 = 4.44 f N_1 \Phi_{\mathrm{m}} \tag{5.4.2}$$

主磁通与二次绕组交链，据电磁感应定律同样可推导出：

$$E_2 = 4.44 f N_2 \Phi_{\mathrm{m}} \qquad (5.4.3)$$

输出电压有效值：

$$U_{20} = E_2 = 4.44 f N_2 \Phi_{\mathrm{m}} \qquad (5.4.4)$$

一次绕组、二次绕组的电压之比为

$$\frac{U_1}{U_{20}} = \frac{N_1}{N_2} = K \qquad (5.4.5)$$

式中，K 是一、二次绕组的匝数比，称为变压器的变比。如果 $N_2 > N_1$，则 $U_{20} > U_1$，变压器使电压升高，这种变压器称为升压变压器；如果 $N_2 < N_1$，则 $U_{20} < U_1$，变压器使电压降低，这种变压器称为降压变压器。因此，改变匝数比，就能改变输出电压。

变压器铭牌上所标注的额定电压就是用分数形式表示的一、二次绕组的额定电压数值。

2. 变压器的有载运行

变压器一次绕组加上额定正弦交流电压，二次绕组接上负载的运行，称为有载运行，如图 5.4.3 所示。

(1) 有载运行时的磁动势平衡方程

二次绕组接上负载后，电动势 E_2 将在二次绕组中产生电流 I_2，同时一次绕组的电流从空载电流 I_0 相应地增大为电流 I_1，在二次绕组感应电压的作用下，有了电流 I_2，二次侧的磁动势 $N_2 I_2$ 也要在铁芯中产生磁通。当外加电压、频率不变时，铁芯中主磁通的最大值在变压器空载或有负载时基本不变。

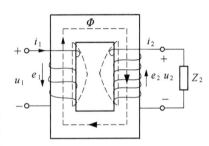

图 5.4.3　有载运行变压器

因此，空载运行时的磁动势和负载运行时的合成磁动势基本相等，表示为

$$N_1 \dot{I}_1 + N_2 \dot{I}_2 \approx N_1 \dot{I}_0$$
$$N_1 \dot{I}_1 = N_1 \dot{I}_0 - N_2 \dot{I}_2 \qquad (5.4.6)$$

式(5.4.6)称为变压器有载运行时的磁动势平衡方程。

(2) 变压器的电流变换

在额定情况下，$N_1 I_0$ 相对于 $N_1 I_1$ 或 $N_2 I_2$ 可以略去不计，得到有效值表示式为

$$N_1 I_1 = N_2 I_2$$

$$\frac{I_1}{I_2} = \frac{N_2}{N_1} = \frac{1}{K} \qquad (5.4.7)$$

由式(5.4.7)可见变压器具有变电流作用：在额定工作状态下，一、二次绕组的额定电流之比等于其变比 K 的倒数。

(3) 变压器的阻抗变换

变压器除了具有变换电压、变换电流的作用以外，还有变换阻抗的作用。

按照等效的观点，可以认为，在一次侧交流电源直接接入一个负载电阻 Z'_L 与变压器二次侧接上负载 Z_L 两种情况下，一次侧的电压、电流和电功率完全一样，如图 5.4.4 所示。

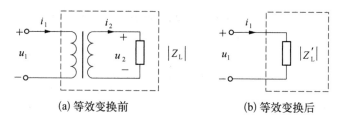

(a) 等效变换前　　　　　(b) 等效变换后

图 5.4.4　变压器阻抗变换

负载阻抗：

$$| Z_L |=\frac{U_2}{I_2}$$

一次侧等效负载阻抗：

$$| Z'_L |=\frac{U_1}{I_1}$$

根据变压器电压变换和电流变换得：

$$\frac{| Z'_L |}{| Z_L |}=\frac{U_1}{I_1}\frac{I_2}{U_2}=\frac{U_1}{U_2}\frac{I_2}{I_1}=K^2=\left(\frac{N_1}{N_2}\right)^2$$

$$| Z'_L |=K^2| Z_L | \tag{5.4.8}$$

这就是所谓变压器的阻抗变换作用，可以调节变压器变比 K，把负载阻抗变换成所需的阻抗。

【例 5.4.1】　已知输出变压器的变比 $K=10$，副边所接负载电阻为 $8\ \Omega$，原边信号源电压为 $10\ V$，内阻 $R_0=200\ \Omega$，求负载上获得的功率。

解　一次侧等效负载阻抗：$| Z'_L |=K^2| Z_L |=800(\Omega)$

一次侧电流：$I_1=\dfrac{10}{800+200}=0.01(A)$

二次侧电流：$I_2=KI_1=I_1\times 10=0.1(A)$

负载上获得的功率：$P=I_2^2R_L=0.1^2\times 8=0.08(W)$

【例 5.4.2】　有一音频变压器如图 5.4.5 所示，原边连接信号源，其 $U_S=80\ V$，内阻 $R_0=400\ \Omega$，变压器副边接扬声器，其电阻 $R_L=4\ \Omega$，且 $N_2=80$ 匝。欲使负载获得最大功率，求：(1) 变压器的变比为多少？(2) 一次绕组 N_1 应有多少匝？(3) 一次与二次侧电流各为多少？(4) 信号源输出功率为多少？(5) 扬声器直接接入信号源时获得的功率。

解　(1) R_L 折算到原边上的 R'_L 等于 R_0 时，负载获得最大功率，即：

$$R'_L=R_0=400\ \Omega$$

$$R'_L=k^2R_L$$

变比：$k=10$

(2) 一次绕组：$N_1=kN_2=800$

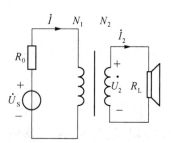

图 5.4.5　音频变压器

（3）一次与二次侧电流：$I_1 = \dfrac{U_s}{R'_L + R_0} = \dfrac{80}{400+400} = 0.1(\text{A})$；$I_2 = I_1 \times k = 1(\text{A})$

（4）信号源功率：$P = \left(\dfrac{U_s}{R_0 + R'_L}\right)^2 \times R'_L = 4(\text{W})$

（5）扬声器直接接入信号源获得的功率：

$$P = \left(\dfrac{U_s}{R_0 + R_L}\right)^2 \times R_L = 0.16(\text{W})$$

上述过程的 MATLAB 计算程序如下：

```
syms RL RLP K N1 N2 Us R0 I1 I2 PL PL1;
Us=80;RL=4;N2=80;R0=400;RLP=R0;K=sqrt(RLP/RL);
N1=K * N2;
I1=Us/(RLP+R0);
I2=K * I1;
PL=(Us/(R0+RLP))^2 * RLP;
PL1=(Us/(R0+RL))^2 * RL;
PL=
    4.0000
PL1=
    0.1568
```

其中：程序中 RLP 为 R'_L，PL 为信号源功率，PL1 为扬声器直接接入信号源时信号源功率。

5.4.3 变压器的工作特性

1. 变压器的损耗与效率

变压器的损耗分为铁损和铜损。铁损是指交变的主磁通在铁芯中产生的磁滞损耗和涡流损耗之和。铜损是一次、二次绕组中电流通过该绕组电阻所产生的损耗。因为绕组中电流随负载变化，所以铜耗损是随负载变化的。

变压器输入功率 P_1 与输出功率 P_2 之差就是其本身的总损耗 P，即

$$P_1 - P_2 = P \tag{5.4.9}$$

输出功率 P_2 与输入功率 P_1 之比称为变压器的效率 η，即

$$\eta = \frac{P_2}{P_1} \times 100\% = \frac{P_2}{P_2 + P} \times 100\% \tag{5.4.10}$$

变压器空载时，$P_2 = 0$，$\eta = 0$。小型变压器满载时的效率为 $80\% \sim 90\%$，大型变压器满载时的效率可达 $98\% \sim 99\%$。

2. 额定值

（1）额定电压 U_{1N} 和 U_{2N}

一次、二次绕组的额定电压在铭牌上用分数线隔开表示，即 U_{1N}/U_{2N}。

一次绕组的额定电压 U_{1N} 是保证其长时间安全可靠工作应加入的正常电源电压数值。

二次绕组的额定电压是一次绕组加入额定电压 U_{1N} 后,二次绕组开路时的电压值。

(2) 额定电流 I_{1N} 和 I_{2N}

一次、二次绕组的额定电流 I_{1N} 和 I_{2N} 是根据变压器的允许温升所规定的电流数值。

(3) 额定容量 S_N

变压器的额定容量是变压器输出的额定视在功率,单位是 VA 或 kVA。

单相变压器:

$$S_N = U_{1N} I_{1N} = U_{2N} I_{2N} \tag{5.4.11}$$

三相变压器:

$$S_N = \sqrt{3} U_{1N} I_{1N} = \sqrt{3} U_{2N} I_{2N} \tag{5.4.12}$$

(4) 额定频率 f_N

变压器正常工作所加交流电源的频率称为额定频率。国家电力系统交流电压的标准频率为 50 Hz。

(5) 变比 K

变比表示一、二次侧绕组的额定电压之比,即

$$K = \frac{U_{1N}}{U_{2N}} \tag{5.4.13}$$

(6) 温升

温升指变压器在额定运行情况时,允许超出周围环境温度的数值,它取决于变压器所用绝缘材料的等级。

【例 5.4.3】 有一台单相变压器, $S_N = 50 \text{ kV} \cdot \text{A}$, $U_{1N}/U_{2N} = 10\,500 \text{ V}/230 \text{ V}$,试求变压器原、副线圈的额定电流。

解 一次绕组的额定电流 $I_{1N} = \dfrac{S_N}{U_{1N}} = \dfrac{50 \times 10^3}{10\,500} = 4.76 \text{(A)}$

二次绕组的额定电流 $I_{2N} = \dfrac{S_N}{U_{2N}} = \dfrac{50 \times 10^3}{230} = 217.39 \text{(A)}$

3. 变压器绕组极性

当电流流入(或流出)两个线圈时,若产生的磁通方向相同,则两个流入(或流出)端称为同极性端。或者说,当铁芯中磁通变化时,在两线圈中产生的感应电动势极性相同的两端称为同极性端。

同极性端用"·"表示。同极性端和绕组的绕向有关,如图 5.4.6 所示。

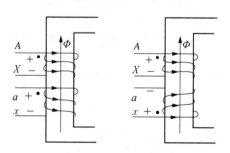

图 5.4.6 变压器绕组同极性端

【例 5.4.4】　一单相变压器,一次电压为 220 V,二次电压为 110 V,二次侧连接阻感负载,$R=0.5\ \Omega$,$L=10\ \mathrm{mH}$,用 Simulink 仿真此变压器并观察输出电压和电流。

解　变压器模型参数设计如图 5.4.7 所示,其余参数如图 5.4.8 所示。变压器输出电压和电流如图 5.4.9 所示。

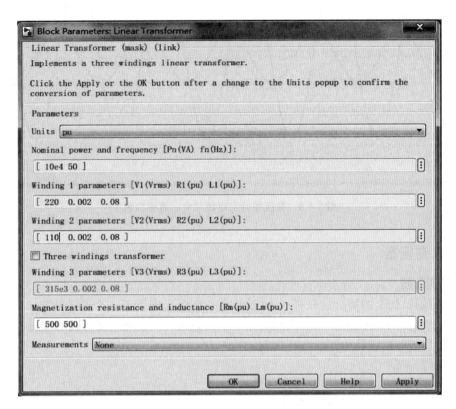

图 5.4.7　Simulink 变压器仿真参数

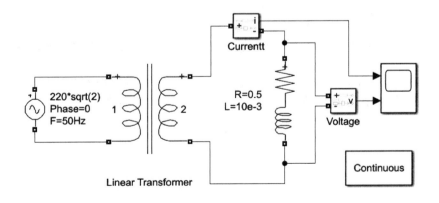

图 5.4.8　【例 5.4.4】Simulink 电路仿真(程序 Transform)

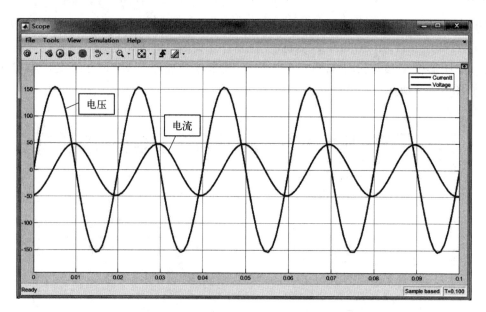

图 5.4.9　变压器输出电流和电压波形曲线

5.4.4　特殊变压器

1. 自耦变压器

自耦变压器结构上的特点是只有一个绕组，且在绕组上安置了一个滑动抽头 a，如图 5.4.10 所示。图示表明自耦变压器的一、二次侧共用一个绕组，一、二次绕组既有磁的耦合，又有电的联系，自耦变压器的图形符号如图 5.4.11 所示。

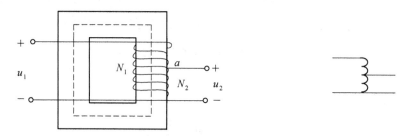

图 5.4.10　自耦变压器结构　　　　　　　图 5.4.11　自耦变压器的图形符号

自耦变压器的工作原理与普通双绕组变压器相同。当一次绕组加入电源电压 u_1 时，在铁芯中产生工作磁通，最大值是 Φ_m，则在一、二次绕组中产生感应电动势 E_1 和 E_2。

$$E_1 = 4.44 f N_1 \Phi_m \quad E_2 = 4.44 f N_2 \Phi_m$$

空载时：

$$\frac{U_1}{U_{20}} \approx \frac{E_1}{E_2} = \frac{N_1}{N_2} = K \tag{5.4.14}$$

略去绕组内部导线电阻等的影响，在负载状态下仍可近似认为

$$\frac{U_1}{U_2} \approx \frac{N_1}{N_2} = K \tag{5.4.15}$$

将二次绕组的滑动抽头 a 做成能沿着裸露的绕组表面滑动的电刷触头,移动电刷的位置,改变二次绕组的匝数 N_2,就能够连续均匀地调节输出电压 U_2。根据这样的原理做成的自耦变压器又称为调压器。

自耦变压器具有结构简单、节省用铜量、效率较高等优点。其缺点是一次、二次绕组电路直接连在一起,高压绕组一侧的故障会波及低压绕组一侧,这是很不安全的。因此,自耦变压器的电压比一般不超过 $1.5\sim2$,且在使用自耦变压器时,必须正确接线,外壳必须接地。

2. 互感器

互感器是与仪表、继电器等低压电器设备组成二次回路完成对一次回路进行测量、控制、调节和保护的电路设备。互感器可分为电压互感器和电流互感器。

(1) 电压互感器

电压互感器的结构和工作原理与降压变压器基本相同。电压互感器的二次绕组与交流电压表相连,因为电压表内阻抗很大,故二次绕组电流很小,所以一次绕组电流近似空载电流。电压互感器的工作原理与变压器空载运行的工作原理相似。

电压互感器的一次绕组匝数很多,并联于待测电路两端;二次绕组匝数较少,与电压表或电度表、功率表、继电器的电压线圈并联,如图 5.4.12 所示。

由于 $\dfrac{U_1}{U_2} \approx \dfrac{N_1}{N_2} = K_u$,故被测电压为 $U_1 = K_u U_2$。

通常电压互感器二次绕组的额定电压设计为 100 V 或 $100\sqrt{3}\text{ V}$。仪表按一次绕组额定值刻度,这样可直接读出被测电压值。

使用电压互感器时,应注意二次绕组电路不允许短路,以防产生过流;将其外壳及二次绕组可靠接地,以防因高压方绝缘击穿时,将高电压引入低压方,避免对仪表造成损坏和危及人身安全。

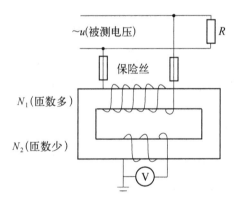

图 5.4.12　电压互感器

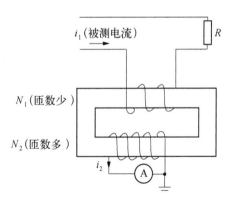

图 5.4.13　电流互感器

(2) 电流互感器

一次绕组的匝数很少,通常只有几匝,甚至一匝,用粗导线绕制,允许通过较大电流。使用时,一次绕组串联接入被测电路,流过被测电流 I_1,二次绕组的匝数较多,与电流表、功率表的电流线圈串联接成闭合电路,实现用低量程的电流表测量大电流,如图 5.4.13 所示。

根据 $\dfrac{I_1}{I_2} = \dfrac{N_2}{N_1} = K_i$ 得被测电流为 $I_1 = K_i I_2$。

通常电流互感器二次绕组的额定电流设计为 5 A 或 1 A。当与测量仪表配套使用时,电流表按一次侧的电流值标出,即从电流表上直接读出被测电流值。电流互感器额定电流等级有 100 A/5 A、500 A/5 A、2 000 A/5 A 等。

使用中严格遵守以下安全准则:

① 使用电流互感器时其外壳与二次绕组的一端和铁芯必须可靠接地。

② 在运行中,二次绕组不允许开路,否则也会造成触电事故及损坏设备。

③ 在二次绕组电路中装卸仪表时,必须先将二次绕组短路。

习题五

一、填空题

1. 磁性物质中,磁场中某一点磁场强度的大小 H 与该点磁感应强度 B 及磁介质的磁导率 μ 三者之间的关系为_____。

2. 磁通 Φ 与磁感应强度 B 成_____比。

3. 磁感应强度 B、垂直于磁场方向的面积 S、通过 S 的磁通 Φ,三者之间关系为_____。

4. 磁性材料有高导磁性、_____和_____。

5. 交流铁芯线圈电路的铁损由_____和_____组成。

6. 交流铁芯线圈电路中,主磁电动势有效值的公式为_____。

7. 变压器具有变换电压、_____和_____的功能。

8. 变压器原、副绕组的电流之比近似等于_____。

9. 自耦变压器原、副边绕组不仅有磁耦合,还存在_____。

10. 电压互感器副边相当于_____,并且副边不能_____。

11. 电流互感器副边相当于_____,并且副边不能_____。

12. 当变压器的负载增加后,铁芯中的主磁通 Φ_m _____,副边电流_____,原边电流_____。

13. 有一台 10 kV·A,10 000 / 230 V 的单相变压器,如果在原边绕组加额定电压,在额定负载时,测得副边电压为 220 V,该变压器原边的额定电流为_____,原边的额定电流为_____。

14. 图 5-1 所示变压器有两组原边绕组,每组额定电压为 110 V,匝数为 440 匝,副边绕组的匝数为 80 匝,频率 $f=$ 50 Hz,绕组同名端为_____;原边绕组串联使用,原边加额定电压时,变压器的变比为_____,副边输出电压为_____;原边绕组并联使用,原边加额定电压时,变压器的变比为_____,副边输出电压_____。

15. 变压器可以变压、_____、_____以及传递能量。

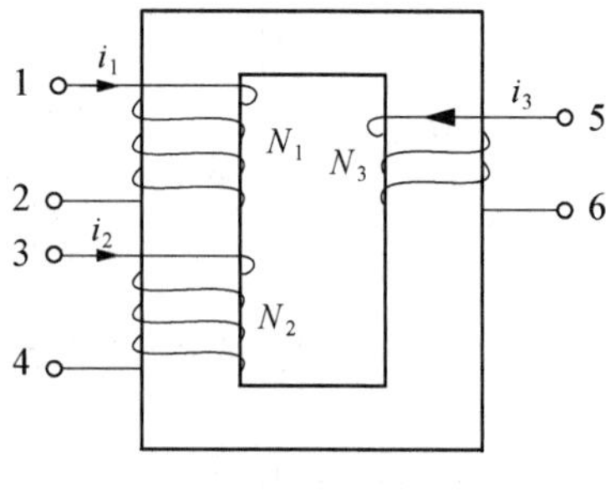

图 5-1

二、判断题

1. 磁路就是磁力线的通路。 ( )

2. 磁感应强度 $\boldsymbol{B}$ 只表示磁场内某点磁场的强弱。 ( )

3. 磁场强度是进行磁场计算时引入的一个辅助物理量,是一个矢量。 ( )

4. 把铁磁材料放在磁场中,它将会受到强烈磁化。 ( )

5. 磁性材料的磁导率很低。 ( )

6. 磁路欧姆定律用来表示磁路中磁通量与磁动势之间的关系。　　　　　　(　　)

7. 在电子线路中,变压器可以用来耦合电路、传递信号,并实现阻抗匹配。　(　　)

8. 变压器的原、副边之间在电路上一定有连接。　　　　　　　　　　　　(　　)

9. 铁芯中主磁通的最大值在变压器空载或有负载时是变化的。　　　　　　(　　)

10. 变压器的额定电压仅指原边的额定电压。　　　　　　　　　　　　　　(　　)

三、选择题

1. 变压器是根据(　　)原理制成的一种常见的电气设备。

　　A. 电磁感应　　　　　B. 电流的热效应　　　C. 能量平衡　　　　D. 欧姆定律

2. 在变压器中,如果铁芯材料的电阻率增大,涡流损耗将(　　)。

　　A. 增大　　　　　　　B. 减小　　　　　　　C. 不变　　　　　　D. 变化不确定

3. 某理想变压器的变比 $k=4$,其副边绕组接上 $8\ \Omega$ 的负载,则折算到原边绕组输入端的等效阻抗为(　　)。

　　A. $2\ \Omega$　　　　　　　B. $32\ \Omega$　　　　　　C. $128\ \Omega$　　　　D. $256\ \Omega$

4. 交流铁芯线圈中的功率损耗有(　　)两部分。

　　A. 铜损与磁滞损耗　　　　　　　　　　B. 铜损与铁损

　　C. 铜损与涡流损耗　　　　　　　　　　D. 铁损与磁滞损耗

5. 在图 5-2 所示电路中,已知 $i_S=\sin t$ A,则 i_2 为

　(　　)A。

　　A. $-\dfrac{1}{2}\sin t$　　　　　B. $\dfrac{1}{2}\sin t$

　　C. $2\sin t$　　　　　　D. $-2\sin t$

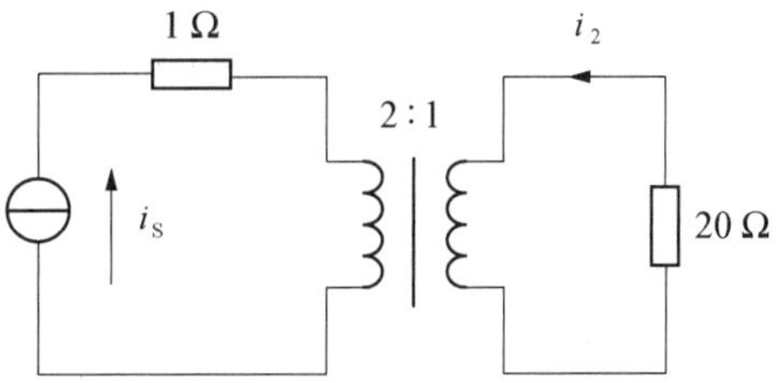

图 5-2

6. 升压变压器的变比通常(　　)。

　　A. 小于 1　　　　　B. 大于 1

　　C. 等于 1　　　　　D. 不确定

7. 变压器原边绕组接入交流电源,副边绕组接入负载 Z_L 的工作状态,称为变压器的(　　)。

　　A. 空载运行　　　　B. 负载运行　　　　　C. 短路运行　　　　D. 断路运行

8. 一台变压器,额定容量 $S_N=3.3\ \mathrm{kV\cdot A}$,额定电压 $U_{1N}/U_{2N}=220\ \mathrm{V}/11\ \mathrm{V}$,则该台变压器的额定电流为(　　)。

　　A. 20 A/300 A　　　B. 20 A/15 A　　　　C. 15 A/200 A　　　D. 15 A/300 A

9. 电压互感器的原边(　　)在被测的高压线路上。

　　A. 直接并接　　　　B. 串联　　　　　　　C. 通过电压表　　　D. 通过电流表

10. 电流互感器的原边(　　)在被测的高压线路上。

　　A. 直接并接　　　　B. 串联　　　　　　　C. 通过电压表　　　D. 通过电流表

四、名词解释

1. 磁感应强度 B

2. 磁滞损耗

3. 涡流

4. 变压器空载运行

五、简单题

1. 简述自耦变压器的结构特点。

2. 减小涡流损耗的方法有哪些?

3. 电压互感器副边为什么不能短路?

4. 怎样减少磁滞损耗?

六、计算题

1. 将匝数 $N=100$ 的铁芯线圈接到电压 $U=220$ V 工频正弦电压源上,忽略漏磁通和线圈电阻,求磁通的最大值 Φ_m。

2. 单相变压器原边绕组 $N_1=1\,000$ 匝,副边绕组 $N_2=500$ 匝,原边加 220 V 交流电压,副边接电阻性负载,测得副边电流 $I_2=3$ A,忽略变压器的内阻抗及损耗,试求:(1) 副边的电压 U_2;(2) 变压器原边的输入功率 P_1。

3. 一理想变压器,原线圈匝数 $N_1=1\,100$,接在电压 220 V 的交流电源上,当它对 11 只并联的"36 V、60 W"的灯泡供电时,灯泡正常发光,则副线圈的匝数 N_2 为多少? 通过原线圈的电流 I_1 是多少?

4. 有一台单相变压器,输入电压 $U_1=220$ V,输出电压 $U_2=36$ V,$N_1=61$ 匝。试求:(1) 变压器的电压比;(2) 二次绕组的匝数。

5. 一台额定容量为 9 900 V·A、额定电压为 660/220 V 的变压器给用电地区供电。试求:(1) 变压器的一、二次绕组的额定电流;(2) 变压器的二次绕组可接 60 W,220 V 的白炽灯多少只? (3) 二次绕组若接 60 W、220 V,功率因数 $\cos\varphi=0.6$ 的日光灯,可接多少只?

6. 一空心环形螺旋线圈,其平均长度为 30 cm,横截面积为 10 cm²,匝数等于 1 000 匝,如果要在线圈中产生磁通 5×10^{-5} Wb,线圈中应该通入多大的直流电流?

7. 有一交流铁芯线圈,为了测量其等效电阻和电感,将其接接到电源电压 $U=220$ V 的工频正弦电压源上,测得线圈的电流 $I=5$ A,功率 $P=275$ W,忽略漏磁通和线圈电阻,求铁芯线圈的等效电阻和电感。

8. 一个 40 W 日光灯整流器的铁芯截面积为 4.5 cm²,它的工作电压为 165 V,电源频率为 50 Hz,铁芯中磁感应强度最大值为 1.18 T,忽略线圈电阻和漏磁通,求线圈的匝数。

9. 已知信号源电压 $\dot{U}$ 有效值为 12 V,内阻 R_0 为 800 Ω,负载电阻 R_L 为 8 Ω,如图 5-3 所示,为了使负载获得最大功率,需要在信号源和负载之间接入一变压器进行阻抗匹配。试求该变压器的变比、一、二次绕组的电流、电压和负载获取的功率。

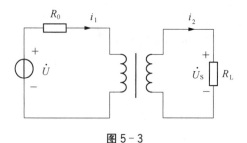

图 5-3

第6章 电动机

根据供电电源的性质不同,电动机可分为直流电动机和交流电动机两大类。

交流电动机的主要特点:数学模型复杂、启动转矩小、调速性能较差。此外交流电动机本身还需要从电网吸收滞后无功功率,使电网的功率因数变差。但是由于交流电动机结构简单、制造方便、维护容易、运行可靠、价格便宜、具有较好的稳态和动态特性等优点,因此在工农业、交通运输、国防等领域仅需要恒速运行、控制精度低和环境比较恶劣的场合下得到广泛应用。

直流电动机的主要特点:结构较复杂、换向产生电火花、维护保养成本高。但是其数学模型简单、控制和调速性能好、过载能力强、启动和制动转矩大,在速度调节要求高、正反转启动和制动频繁的场合以及多单元同步协调运行的机械设备上,大多采用直流电动机拖动控制系统。

本章主要介绍交流电动机和直流电动机的基本结构及特性。采用 MATLAB/Simulink 数字化仿真实验方法,通过观察和分析各种参数对电动机的仿真结果的影响,可以让学生对所学的电动机特性有更加直观的理解,降低了电动机理论知识的学习难度,同时掌握进一步深入分析、研究和学习电动机的数字化设计和仿真的软件工具。

6.1 三相异步电动机的结构与工作原理

常用的交流电动机有异步电动机(或称感应电动机)和同步电动机。异步电动机常用的分类方法有两种:一是按照定子绕组相数来分,有单相异步电动机、两相异步电动机和三相异步电动机;二是按照转子结构来分,有绕线型异步电动机和鼠笼型异步电动机。

6.1.1 三相异步电动机的结构和组成

三相异步电动机主要由静止的定子和旋转的转子两大部分组成。定子与转子之间存在气隙,此外,还有端盖、轴承、机座、风扇等部件,如图 6.1.1 所示。

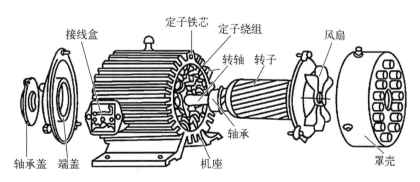

图 6.1.1 三相异步电动机结构示意图

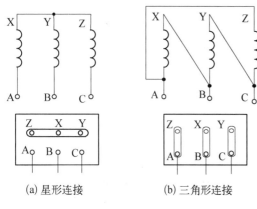

(a) 星形连接　　　(b) 三角形连接

图 6.1.2　定子绕组的连接

1. 定子

异步电机的定子由定子铁芯、定子绕组和机座构成。定子绕组是定子产生旋转磁场的电路部分，由若干线圈按照一定规律嵌放在定子铁芯槽中。定子绕组通常采用三角形连接，但是一般把三相绕组的 6 个端子都引出，接到固定在机座上的接线盒中，这样便于使用者根据实际需要将三相绕组接成星形或三角形连接，如图 6.1.2 所示。

绕组的首端为 A、B、C，绕组的末端为 X、Y、Z。

2. 转子

异步电动机的转子由转子铁芯、转子绕组和转轴组成。转轴用于固定和支撑转子铁芯，并输出机械功率。转轴一般用中碳钢做材料，起支撑和固定转子铁芯及传递转矩的作用。

转子绕组是转子的电路部分，在交变的磁场中感应出电动势，流过电流并产生电磁转矩，转子绕组分为鼠笼型绕组（图 6.1.3）和绕线型绕组（图 6.1.4）两种。

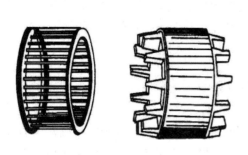

图 6.1.3　鼠笼型转子绕组

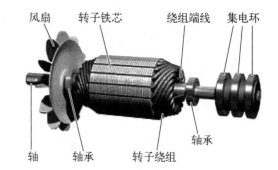

图 6.1.4　绕线型转子绕组

6.1.2　三相异步电动机的工作原理

三相异步电动机由定子和转子两大部件组成。定子上有三相交流绕组，转子按一定方式构成闭合回路。当定子绕组通入三相对称交流电后，产生旋转磁场，它切割转子绕组并在其中感应出电动势，感应电动势的方向由"右手定则"决定。由于转子是闭合回路，转子中便有感应电流产生，感应电流方向与感应电动势方向相同，而载流导体在磁场中将产生电磁力，电磁力的方向由"左手定则"决定。由电磁力形成的电磁转矩使转子旋转起来，但转子转速达不到旋转磁场转速，因为转速如果达到旋转磁场转速时，转子绕组与定子旋转磁场之间便无相对运动，不能在转子绕组中产生感应电动势，从而无法产生感应电流和电磁转矩。因此，异步电动机转子的正常运行转速小于旋转磁场产生的同步转速，这是异步电机的主要特点。

1. 旋转磁场的产生

定子三相绕组通入三相交流电（星形连接），如图 6.1.5 所示。定子绕组由空间相隔 120° 的三个完全相同的线圈 AX、BY 和 CZ 组成。

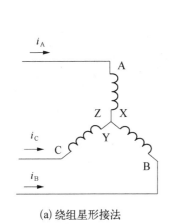
(a) 绕组星形接法

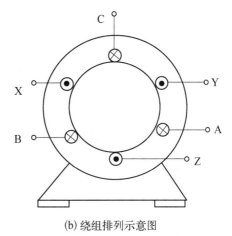
(b) 绕组排列示意图

×为电流流入方向，·为电流流出方向

图 6.1.5　定子绕组星形连接

定子绕组中通入三相对称电流：

$$\begin{cases} i_A = I_m \sin \omega t \\ i_B = I_m \sin(\omega t - 120°) \\ i_C = I_m \sin(\omega t + 120°) \end{cases}$$

当三相对称绕组接入对称电源时就产生旋转磁场。三相电流波形如图 6.1.6 所示。

由三相电流波形图，选取几个特定时刻 $\omega t = 0°$、$\omega t = 120°$、$\omega t = 240°$ 分析磁场变化。

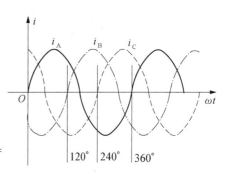

图 6.1.6　三相电流波形图

(1) $\omega t = 0°$，$i_A = 0$，AX 绕组中无电流；i_B 为负，BY 绕组中的电流从 Y 流入，从 B 流出；i_C 为正，CZ 绕组中电流从 C 流入，从 Z 流出，如图 6.1.7(a) 所示。

(2) $\omega t = 120°$，$i_B = 0$，BY 绕组中无电流；i_A 为正，AX 绕组中电流从 A 流入，从 X 流出；i_C 为负，CZ 绕组中电流从 C 流出，从 Z 流入，如图 6.1.7(b) 所示。

(3) $\omega t = 240°$，$i_C = 0$，CZ 绕组中无电流；i_A 为负，AX 绕组中电流从 X 流入，从 A 流出；i_B 为正，BY 绕组中的电流从 B 流入，从 Y 流出，如图 6.1.7(c) 所示。

(4) $\omega t = 360°$ 时，旋转磁场回到 $\omega t = 0°$ 时位置，如图 6.1.7(d) 所示。

由此可知，当定子绕组电流变化一周期，合成磁场也按电流相序方向旋转一周，随着定子绕组中三相电流周期性变化，产生的磁场也不断旋转，因此称此磁场为旋转磁场。

2. 旋转磁场方向

旋转磁场的方向是由三相绕组中的电流相序决定的，若想改变旋转磁场的方向，只要改变通入定子绕组的电流相序，即将三根电源线中的任意两根对调即可。这时转子的旋转方向也随之改变。

3. 旋转磁场极数与转速

(1) 极对数

三相异步电动机的极对数就是旋转磁场的磁极的对数。旋转磁场的磁极对数和三相绕组的

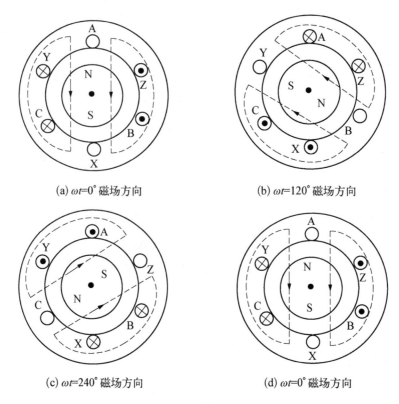

(a) $\omega t=0°$ 磁场方向　　　　　　(b) $\omega t=120°$ 磁场方向

(c) $\omega t=240°$ 磁场方向　　　　　　(d) $\omega t=0°$ 磁场方向

图 6.1.7　定子旋转磁场方向

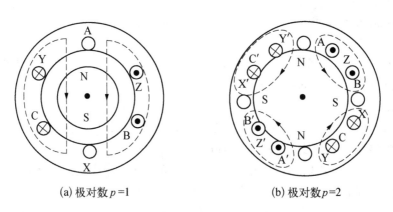

(a) 极对数 $p=1$　　　　　　(b) 极对数 $p=2$

图 6.1.8　旋转磁场磁极对数

排列有关。磁极对数用 p 表示。

　　当每相绕组只有一个线圈,绕组的始端之间相差 120°空间角时,产生的旋转磁场具有一对磁极,即 $p=1$,如图 6.1.8(a)所示。

　　当每相绕组为两个线圈串联(图 6.1.9),绕组的始端之间相差 60°空间角时,产生的旋转磁场具有两对磁极,即 $p=2$,如图 6.1.8(b)所示。

　　同理,$p=3$ 的旋转磁场,每相绕组为三个线圈串联,绕组始端之间相差 40°空间角。

　　极对数 p 与绕组始端之间相差空间角 θ 的关系如下:

$$\theta = \frac{120°}{p} \qquad (6.1.1)$$

（2）转速

三相异步电动机旋转磁场的转速 n_0 与电动机极对数 p 有关：

$$n_0 = \frac{60 f_1}{p} \qquad (6.1.2)$$

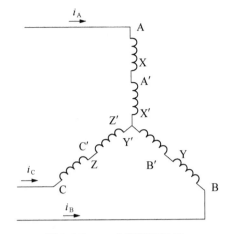

图 6.1.9　$p=2$ 时串联绕组

其中，f_1 为定子电流频率，转速单位为 r/min（转/分）。

$p=1$ 时，电流 i 变化一周，旋转磁场转一圈；

$p=2$ 时，电流 i 变化一周，旋转磁场转半圈。

旋转磁场的转速 n_0 也称同步转速，其大小与 f_1 成正比，与 p 成反比。在工频交流电频率 $f_1=50\,\mathrm{Hz}$ 时，表 6.1.1 是电机的同步转速 n_0 与磁极对数 p 的关系。

表 6.1.1　$f_1=50\,\mathrm{Hz}$ 时磁极对数 p 与同步转速 n_0 的关系

p	1	2	3	4	5	6
$n_0/(\mathrm{r/min})$	3 000	1 500	1 000	750	600	500

应用 MATLAB 可对三相异步电动机定子旋转磁场进行仿真，程序如下：

```
syms f w t Ia Ib Ic Im Phaiabc Phaia Phaib Phaic Phaim;
Im=10;f=50;w=2*pi*f;t=0:1/7000:3/50;Phaim=1/10;
Ia=Im*sin(w*t);Ib=Im*sin(w*t-2*pi/3);Ic=Im*sin(w*t+2*pi/3);
Phaia=Phaim*Ia*exp(j*0);Phaib=Phaim*Ib*exp(-j*2*pi/3);
Phaic=Phaim*Ic*exp(j*2*pi/3);Phaiabc=Phaia+Phaib+Phaic;
for c=1:length(t);
    plot(Phaiabc,'k');hold on
    plot([0 real(Phaia(c))],[0 imag(Phaia(c))],'k','LineWidth',2);
    plot([0 Phaib(c)],'b','LineWidth',2);
    plot([0 Phaic(c)],'m','LineWidth',2);
    plot([0 Phaiabc(c)],'r','LineWidth',2);
axis square;axis([-2,2,-2,2]);drawnow;hold off;
end
title('\fontsize{12}\bf 黑色-A相磁通势 蓝色-B相磁通势 品红色-C相磁通势
红色-合成磁通势')
```

黑色-A相磁通势　蓝色-B相磁通势
品红色-C相磁通势　红色-合成磁通势

黑色-A相磁通势　蓝色-B相磁通势
品红色-C相磁通势　红色-合成磁通势

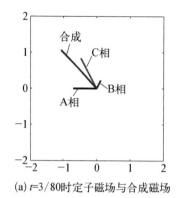

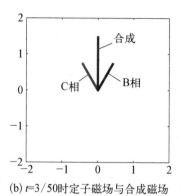

(a) $t=3/80$时定子磁场与合成磁场　　(b) $t=3/50$时定子磁场与合成磁场

图 6.1.10　三相异步电动机定子磁场与合成磁场

4. 三相异步电动机转动原理

（1）转动原理

定子三相绕组通入三相交流电,在定、转子的气隙中产生旋转磁场,旋转磁场转速为同步转速 n_0,若转子原来是静止的,旋转磁场切割转子导体,在转子导体上产生感应电动势,在感应电动势作用下,闭合导体上产生感应电流,其方向由"右手定则"确定。同时,转子作为载流导体,在磁场中受到电磁力作用,其方向由"左手定则"确定,电磁力又产生电磁转矩,电磁转矩使转子旋转起来,转动方向与旋转磁场的转动方向相同,改变旋转磁场方向,电动机转向也随之改变。

异步电动机转子与定子间只有磁的耦合,而无电的直接连接,能量的传递正是依靠这种电磁感应作用的,所以异步电动机也被称为感应电动机。

（2）转差率

旋转磁场同步转速 n_0 和电动机转速 n 之差与旋转磁场同步转速 n_0 之比称为转差率。

$$s = \frac{n_0 - n}{n_0} \tag{6.1.3}$$

由前面分析可知,电动机转子转动方向与磁场旋转的方向一致,但转子转速 n 不可能达到与旋转磁场的转速相等,即

$$n < n_0$$

这就是异步电动机名称的由来。

如果 $n = n_0$,转子与旋转磁场间没有相对运动,磁通不切割转子导条,无转子感应电动势和转子感应电流,也就无电磁转矩。因此,转子转速与旋转磁场转速间必须要有差别。

根据转差率 s 为正(或负)的大小,三相异步电动机可分为电磁制动、电动机、发电机三种运行状态,如图 6.1.11 所示。

表 6.1.2 表示了电动机三种运行状态所对应的转速与转差率关系。

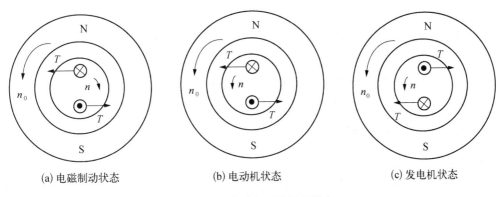

(a) 电磁制动状态　　　　　(b) 电动机状态　　　　　(c) 发电机状态

图 6.1.11　电动机三种运行状态

表 6.1.2　电动机三种运行状态所对应的转速与转差率

电磁制动状态	电动机状态	发电机状态
$s > 1$	$0 < s < 1$	$s < 0$
$n < 0$	$0 < n < n_0$	$n_0 < n$

【例 6.1.1】　一台三相异步电动机,其额定转速 $n = 580$ r/min,电源频率 $f_1 = 50$ Hz。试求电动机的极对数和额定负载下的转差率。

解　根据异步电动机转子转速与旋转磁场同步转速的关系,即额定转速接近而略小于同步转速,可知: $n_0 = 600$ r/min。

根据 $n_0 = \dfrac{60 f_1}{p}$,求得 $p = 5$。

额定转差率 $s = \dfrac{n_0 - n}{n_0} = \dfrac{600 - 580}{600} = 0.033$

6.1.3　三相异步电动机的铭牌及额定值

额定功率 P_N：电机在铭牌规定的额定条件下,转轴上输出的机械功率,单位为瓦(W)或千瓦(kW)。

额定电压 U_N：电机在额定工况下运行时,加在定子绕组出线端的线电压,单位为伏(V)或千伏(kV)。

额定电流 I_N：电机定子绕组上所加电压为额定电压,转轴上输出功率为额定功率时定子绕组的线电流,单位为安(A)。

额定频率 f_N：加在定子边的电源电压频率,单位为赫兹(Hz)。标准工频为 50 Hz。

额定转速 n_N：电机在定子绕组加额定电压,转轴输出额定功率时的转速,单位为转/分(r/min)。

额定功率因数 $\cos \varphi_N$：电机在额定运行条件下定子侧的功率因数。

额定效率 η_N：电机在额定运行条件下,转轴输出的机械功率(额定功率)与定子侧输入的电功率(额定输入功率)的比值。

除了以上各额定值外,三相异步电机在铭牌上还标出了相数、绕组连接方式、绝缘等级、额定温升等。对三相绕线型异步电机,还标有转子绕组的连接方式及转子的额定电压和电流。

6.2 三相异步电动机的电磁转矩与机械特性

电动机在运行时,电动机的转矩与转速关系应该满足运行机械的负载要求。电动机的机械特性就是反映电动机运行性能的重要指标。

6.2.1 三相异步电动机的电路分析

1. 定子电路

三相异步电动机中的电磁关系同变压器类似,从电磁关系来看,定子绕组相当于变压器的原边绕组,而转子绕组(一般是短接的)则相当于变压器的副边绕组。电动机其中一相绕组的等效电路如图 6.2.1 所示。

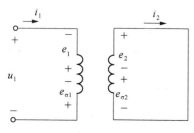

图 6.2.1 三相异步电动机其中一相绕组的等效电路

当定子绕组接三相电源电压 u_1 时,有三相电流 i_1 流过,产生旋转磁场,并通过定子和转子铁芯闭合,因为存在旋转磁场,定子绕组和转子绕组中分别产生感应电动势 e_1 和 e_2,漏磁通产生的漏磁电动势分别为 $e_{\sigma 1}$ 和 $e_{\sigma 2}$。

定子每相电路的电压方程和变压器原绕组的电路一样,其电压方程为

$$u_1 = i_1 R_1 + (-e_{\sigma 1}) + (-e_1) = i_1 R_1 + L_{\sigma 1} \frac{\mathrm{d}i_1}{\mathrm{d}t} + N_1 \frac{\mathrm{d}\Phi}{\mathrm{d}t} \tag{6.2.1}$$

正常工作时,定子绕组阻抗上的压降很小,可以忽略不计,故 E_1 约等于电源电压 U_1,在电源电压和频率 f_1 不变时,Φ_m 基本保持不变。

$$U_1 \approx E_1 = 4.44 f_1 N_1 \Phi_m \tag{6.2.2}$$

其中,f_1 为定子绕组电流的频率,也就是电源频率;N_1 为每相定子绕组的等效匝数;Φ_m 为旋转磁场每个磁极下的磁通幅值。

2. 转子电路

转子电路中的参数都以下标 2 表示,例如 e_2、R_2、$L_{\sigma 2}$ 等。

(1)转子电路中电压关系

$$e_2 = i_2 R_2 + (-e_{\sigma 2}) = i_2 R_2 + L_{\sigma 2} \frac{\mathrm{d}i_2}{\mathrm{d}t} \tag{6.2.3}$$

其中,R_2 为转子每相电阻,$L_{\sigma 2}$ 为转子绕组的漏磁电感。

(2)转子频率

$$f_2 = s f_1 \tag{6.2.4}$$

其中,s 为转差率。

(3)转子电动势

$$E_2 = 4.44 f_2 N_2 \Phi_m = 4.44 s f_1 N_2 \Phi_m = s E_{20} \tag{6.2.5}$$

(4)转子感抗

$$X_2 = 2\pi f_2 L_{\sigma 2} = 2\pi s f_1 L_{\sigma 2} = s X_{20} \tag{6.2.6}$$

其中，X_{20} 为转子静止时的漏感抗，是 X_2 的最大值。

（5）转子电流

转子电流 I_2 与转差率有关，当转速 n 降低，转差率 s 增大时，转子与旋转磁场之间的相对速度 $n_0 - n$ 增大，转子导体切割磁力线的速度提高，E_2 与 I_2 也随之增加。

$$I_2 = \frac{E_2}{\sqrt{R_2^2 + X_2^2}} = \frac{sE_{20}}{\sqrt{R_2^2 + (sX_{20})^2}} \tag{6.2.7}$$

（6）转子功率因数

转子中存在漏磁通，那么相应的就有漏感抗 X_2，所以转子电流滞后转子电动势 ψ_2 角，因而转子电路的功率因数为

$$\cos \psi_2 = \frac{R_2}{\sqrt{R_2^2 + (sX_{20})^2}} \tag{6.2.8}$$

转子转动时，转子电路中的各量均与转差率 s 有关，即与转速 n 有关。

6.2.2 三相异步电动机的电磁转矩

电磁转矩 T 是转子中各个载流导体在旋转磁场的作用下受到电磁力对转轴的转矩总和。

$$T = K_T \Phi_m I_2 \cos \psi_2 \tag{6.2.9}$$

其中，K_T 为与电机结构有关的常数，称为转矩系数，转矩单位为牛·米（N·m）。

将 I_2、$\cos \psi_2$ 代入式(6.2.9)，得：

$$T = K \frac{sR_2}{R_2^2 + (sX_{20})^2} \cdot U_1^2 \tag{6.2.10}$$

其中，K 为常数，转矩 T 与定子每相电压 U_1 的平方成正比，所以当电源电压变化时，对转矩影响很大，且转子电阻对转矩也有一定的影响，绕线型异步电动机可外接电阻来改变转子电阻 R_2，从而改变转矩。当电源电压 U_1 一定时，T 是 s 的函数。

根据转矩公式可以得到如图 6.2.2 所示的转矩曲线。

电磁转矩还可以用如下公式计算：

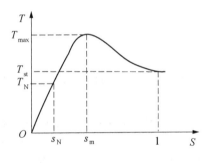

图 6.2.2 异步电动机转矩特性曲线 $[T = f(s)]$

$$T = \frac{3pU_1^2 r_2'/s}{\omega_1 \left[\left(r_1 + \frac{r_2'}{s} \right)^2 + \omega_1^2 (L_{l1} + L_{l2}')^2 \right]} = \frac{3pU_1^2 r_2'/s}{\omega_1 \left[\left(r_1 + \frac{r_2'}{s} \right)^2 + (x_1 + x_2')^2 \right]} \tag{6.2.11}$$

式中，p 为电机极数；U_1 为电机相电压；r_1 为定子电阻；r_2' 为转子电阻折合值；x_1 为定子漏电抗；x_2' 转子漏电抗折合值；ω_1 为电源角频率；s 为异步电动机的转差。

6.2.3 三相异步电动机的机械特性

三相异步电动机的固有机械特性是指在定子电压、频率及结构参数固定的条件下，机械轴上

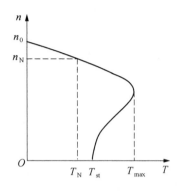

图 6.2.3　异步电动机机械
　　　　　特性曲线

的转子转速 n(或转差率 s)和电磁转矩 T 之间的关系 $n=f(T)$，它反映了在不同转速下，电动机所能提供的转矩情况。将图 6.2.2 中的纵轴改为 n 轴，再根据公式(6.2.11)，得到图 6.2.3 所示的机械特性曲线。

图 6.2.3 为异步电动机机械特性曲线，在此曲线上分析异步电动机的三个重要转矩：额定转矩、最大转矩、启动转矩。

1. 额定转矩 T_N

电动机在额定负载时，转轴上输出的转矩。

$$T_N = \frac{P_N}{\omega} = 9\,550\,\frac{P_N}{n_N} \tag{6.2.12}$$

其中，P_N 为电动机轴上输出的额定机械功率，单位为千瓦(kW)。

2. 最大转矩 T_{max}

最大转矩也称临界转矩，反映电机带动最大负载的能力。

图 6.2.3 中，最大转矩时，$\dfrac{dT}{dS}=0$，此时 $s=s_m=\dfrac{R_2}{X_{20}}$，$s_m$ 称为临界转差率，代入式(6.2.10)，得：

$$T_{max} = K\,\frac{U_1^2}{2X_{20}} \tag{6.2.13}$$

3. 启动转矩 T_{st}

启动转矩为电动机启动初始瞬间的转矩，即 $n=0$、$s=1$ 时的转矩。

$$T_{st} = K\,\frac{R_2 U_1^2}{R_2^2 + X_{20}^2} \tag{6.2.14}$$

T_{st} 与电压平方成正比，电压增大，启动转矩增大；增大转子电阻 R_2，s_m 增大，启动转矩也随之增大。

4. U_1 和 R_2 变化对机械特性的影响

U_1 变化对机械特性的影响如图 6.2.4 所示。其中，$U_3<U_2<U_1$，由图 6.2.4 可知，随着电压的降低，启动转矩与最大转矩也随之降低。R_2 变化对机械特性的影响如图 6.2.5 所示。其中，$R_3>R_2>R_1$，由图 6.2.5 可知，增大转子电阻，启动转矩随之增大，但最大转矩基本不变。

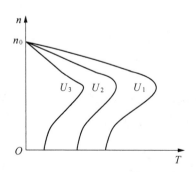

图 6.2.4　U_1 对机械特性的影响

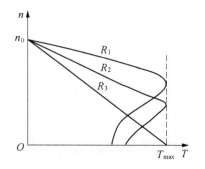

图 6.2.5　R_2 对机械特性的影响

【例 6.2.1】 设一台三相六极异步电动机额定电压 $U_N=380$ V，额定转速 $n_N=960$ r/min，电源频率 $f_1=50$ Hz，定子电阻 $r_1=2.08$ Ω，定子漏电抗 $x_1=3.12$ Ω，转子电阻折合值 $r'_2=2$ Ω，转子漏电抗折合值 $x'_2=6$ Ω。应用 MATLAB 程序绘制以下曲线：

(1) 其他参数不变，改变转子电阻时的机械特性；

(2) 其他参数不变，改变定子电压时的机械特性。

解 (1) 设 $U_1=220$ V，转子电阻从 2 Ω—6 Ω—10 Ω—14 Ω 变化时电磁转矩变换，MATLAB 程序如下，机械特性曲线如图 6.2.6 所示。

```
U1=220;r1=2.08;r2p=2;X1=3.12;X2=6;
p=3;f=50;w=2*pi*f;n=0: 0.1: 1000;
for k=1: 2: 7
    R2=r2p*k;
Te1=(3*p*U1^2*R2)./((1000-n)/1000)./(w*((r1+R2./((1000-n)/1000)).
^2+(X1+X2)^2));
    plot(Te1,n,'k—','LineWidth',2);hold on;
end
xlabel('电磁转矩 Te/(N.m)');ylabel('转速 n/(r/min)');
title('改变转子电阻时的机械特性');
gtext('R2=2 Ω');gtext('R2=6 Ω');
gtext('R2=10 Ω');gtext('R2=14 Ω');
```

(2) 设 $R_1=2.08$ Ω，$R_2=2$ Ω，定子电压从 55 V—110 V—165 V—220 V 变化时电磁转矩变换，MATLAB 程序如下，机械特性曲线如图 6.2.7 所示。

```
U1=55;r1=2.08;r2p=2;X1=3.12;X2=6;
p=3;f=50;w=2*pi*f;n=0: 0.1: 1000;
for k=1: 1: 4
    U1p=U1*k;
Te1=(3*p*U1p^2*r2p)./((1000-n)/1000)./(w*((r1+r2p./((1000-n)/
1000)).^2+(X1+X2)^2));
    plot(Te1,n,'k—','LineWidth',2);hold on;
end
xlabel('电磁转矩 Te/(N.m)');ylabel('转速 n/(r/min)');
title('改变定子电压时的机械特性');
gtext('U=55 V');gtext('U=110 V');
gtext('U=165 V');gtext('U=220 V');
```

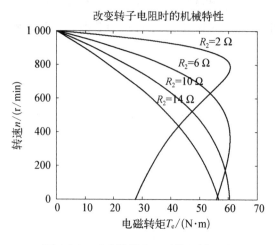

图 6.2.6 改变转子电阻时的机械特性

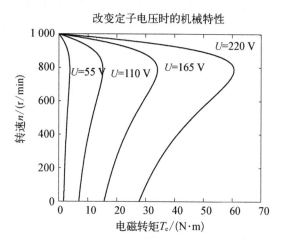

图 6.2.7 改变定子电压时的机械特性

6.3 三相异步电动机的运行特性

6.3.1 三相异步电动机启动

将异步电动机定子绕组接入三相交流电源,如果电动机的电磁转矩能够克服其轴上的阻力转矩,电动机将从静止状态加速到某一个转速稳定运行,这个过程称为启动。

对电动机启动过程有如下要求:

(1)启动电流小,启动转矩大,且启动过程中电动机转速平稳上升;

(2)启动时间短,设备简单,投资少;

(3)启动时能量损耗小。

异步电动机启动时存在两个问题:一是启动电流大,导致电网线路电压降增大,因而影响同一供电电网上的其他用电设备正常运行;二是启动转矩不大,如带较重负载时,启动较困难,即使

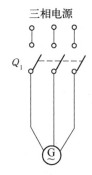

图 6.3.1
三相鼠笼型异步
电动机全压启动

能启动,启动时间长,对电机不利。因此,必须根据拖动系统对启动性能的具体要求,确定电动机的启动方法。

1. 三相鼠笼型异步电动机的启动

三相鼠笼型异步电动机有全压启动和降压启动两种启动方法。

(1)全压启动

全压启动是通过开关和接触器把异步电动机直接接到额定电压的交流电网上进行启动,又叫直接启动,如图 6.3.1 所示。

三相鼠笼型异步电动机全压启动应用 MATLAB/Simulimk 仿真模型,如图 6.3.2 所示。

图 6.3.2 中,三相鼠笼型异步电动机定子绕组直接接在三相电源上,对于一些对性能要求不高或者是电动机功率较小的场合,可以使用全压启动。表 6.3.1 是仿真参数选择。

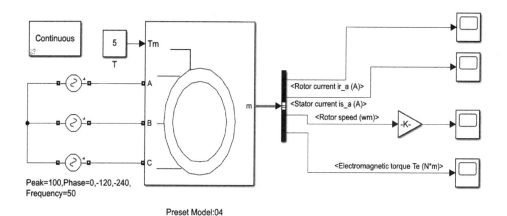

Peak=100,Phase=0,-120,-240,
Frequency=50

Preset Model:04

图 6.3.2　三相鼠笼型异步电动机全压启动 Simulink 电路仿真 (程序 sanxiangdianj)

表 6.3.1　元件参数

元　　件	参　　数
电　源	Peak=100 Phase=0,-120,-240 Frequency=50
电动机	Preset Model：04

三相鼠笼型异步电动机全压启动波形曲线如图 6.3.3 所示。

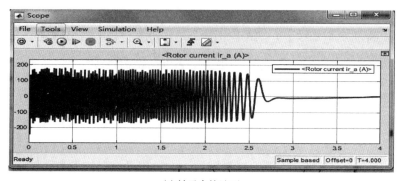

(a) 转子电流波形

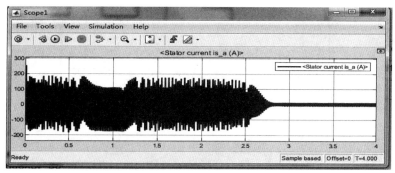

(b) 定子电流波形

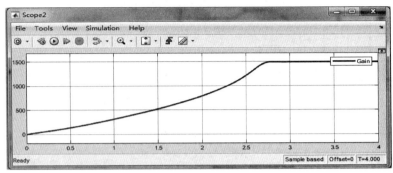

(c) 转速波形

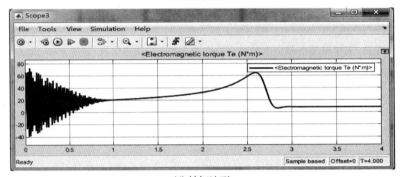

(d) 转矩波形

图 6.3.3　型号 Preset Model：04 电动机全压启动仿真波形曲线

　　由图 6.3.3 可见，三相鼠笼型异步电动机在全压启动时，电流与转矩波动较大。

（2）降压启动

　　降压启动是使电动机启动时定子绕组上所加的电压低于额定电压，从而减小启动电流。降压启动在减小启动电流的同时，启动转矩也会减小，因此降压启动适用于对启动转矩要求不高的场合，如空载或轻载启动。常用的降压启动方法有：① 定子回路串电抗器降压启动；② 星-三角形降压启动（图 6.3.4），启动前电机为星形连接，启动后再将其改接为三角形连接正常运行；③ 自耦变压器降压启动（图 6.3.5），自耦变压器降压启动是利用三相自耦变压器将电动机在启动过程中的端电压降低。

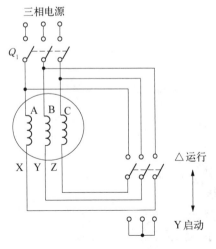

图 6.3.4　星-三角形降压启动

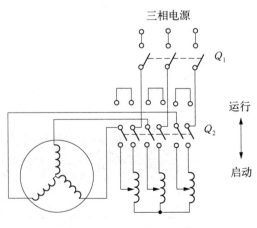

图 6.3.5　自耦降压启动

2. 三相绕线型异步电动机的启动

三相绕线型异步电动机的特点是,转子绕组的端头接到滑环上经电刷引出,可接入外加电阻。转子回路串附加电阻,一方面可以增加启动转矩,另一方面可以减小启动电流。当转子回路中串入电阻后,最大转矩不变,但最大转矩所对应的转差率随串入电阻的增加而增大。因此,串入适当电阻,使启动时转差率 $s_k = 1$,则启动转矩达到最大,如图 6.3.6 所示。所以三相绕线式异步电动机转子回路串电阻启动是一种启动性能较好的启动方法。

三相绕线型异步电动机转子回路串电阻启动应用 MATLAB/Simulimk 仿真模型,如图 6.3.7 所示。

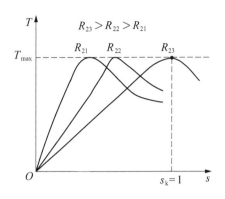

图 6.3.6 转子串电阻启动

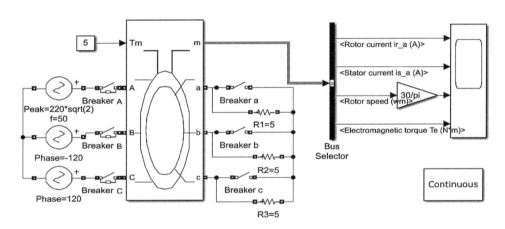

图 6.3.7 三相绕线型转子串电阻启动 Simulink 电路仿真(程序 sanxiangdianj1)

图 6.3.7 中,三相绕线型异步电动机三个转子绕组上分别串联电阻 R_1、R_2、R_3,同时 R_1、R_2、R_3 又分别与开关并联。当开关断开时,电阻串接到电动机转子绕组上;当开关闭合时,电阻被开关短路,相当于电阻与电动机转子绕组断开。表 6.3.2 是仿真参数选择。绕线型转子串电阻启动仿真波形曲线如图 6.3.8 所示。

表 6.3.2 元件参数

元 件	参 数
电 源	Peak=220 * sqrt(2) Phase=0,−120,−240, Frequency=50
电动机(自选参数)	Pn(VA),Vn(Vrms),fn(Hz):3 * 746 380 50 Rs(ohm) Lls(H):0.435 2.0e−3 Rr′(ohm) Llr′(H):0.816 2.0e−3 Lm (H):69.31e−3 J(kg.m^2) F(N.m.s) p():0.089 0 2
R_1、R_2、R_3	Resistance (Ohms):5

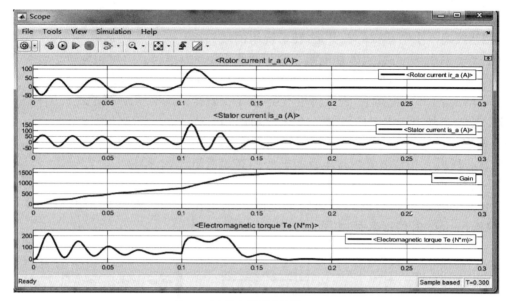

(a) 串电阻启动波形

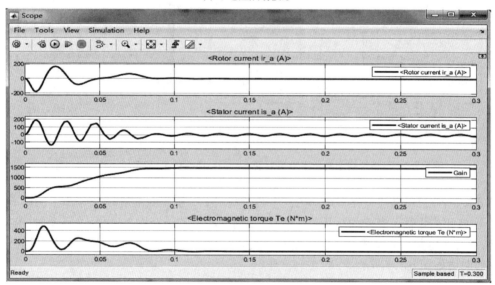

(b) 未串电阻启动波形

图 6.3.8　绕线型转子串电阻启动仿真波形曲线

由图 6.3.8 可以看出，三相绕线型异步电动机转子回路串电阻启动后，转子电流、定子电流都有很明显的下降。

3. 三相异步电动机的软启动

近年来，由于电力电子技术的不断发展，工业中开始采用软启动技术来取代传统的启动方法。常用的软启动是把三对反并联的晶闸管串接在异步电动机定子三相电路中，通过改变晶闸管的导通角来调节定子绕组电压，使其按照设定的规律变化，来实现软启动。

6.3.2　三相异步电动机调速

调速是在同一负载下能得到不同的转速，以满足生产过程的要求。

根据转差率与同步转速,可得到三相异步电动机转速 n:

$$\begin{cases} s = \dfrac{n_0 - n}{n_0} \\ n_0 = \dfrac{60f_1}{p} \end{cases} \Rightarrow n = (1-s)n_0 = (1-s)\dfrac{60f_1}{p}$$

由上式可知,转速与电源频率 f_1、转差率 s、磁极对数 p 有关。因此,异步电动机的调速有以下几种方式:改变转差率 s 调速,称为变转差率调速;改变磁极对数 p 调速,称为变极调速;改变电动机供电电源频率调速,称为变频调速。

1. 改变转差率调速

改变转差率调速方法有很多,这里介绍两种常用的方法,即调压调速和转子串电阻调速。

（1）调压调速

当电源电压频率一定时,改变电压,则电磁转矩 T 随 U_1^2 成正比变化,而临界转差率不变,由此作出降低定子电压时的人为机械特性,如图 6.3.9 所示。图中曲线 U_1 为原始固有机械特性曲线,U_2、U_3 为降压后机械特性曲线。

由于电压变化范围有限,这种调速方法调速范围有限。

（2）转子串电阻调速

这种调速方法的优点是简单、调速范围广,缺点是调速电阻要消耗能量、功耗增加、效率降低。

目前主要用于短时调速或调速范围不太大的场合。

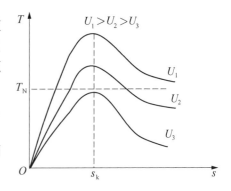

图 6.3.9 人为机械特性

2. 变频调速

当转差率基本不变时,电动机转速与电源频率成正比,因此改变频率就可以改变电动机的转速,这种方法称为变频调速。

把异步电动机额定频率称为基频,变频调速时,可以从基频向下调节,也可以从基频向上调节。

（1）从基频向下调节

异步电动机正常运行时 $U_1 \approx E_1 = 4.44f_1 N_1 \Phi_m$,从基频向下调节时,若电压不变,则主磁通将增大,使磁路过于饱和而导致励磁电流急剧增加、功率因数降低,因此在降低频率调速的同时,要适当降低电源电压。

（2）从基频向上调节

由于电源电压不能高于电动机的额定电压,因此当频率从基频向上调节时,电动机端电压只能保持为额定值。这样,频率越高,转速越大,转矩越小,但功率不变。因此,从基频向上调节也称恒功率调速。

3. 变极调速

采用变极调速的电动机一般每相定子绕组由两个相同的部分组成,这两部分可以串联,也可以并联,通过改变定子绕组接法可制作出双速、三速等电动机。

采用变极调速方法的电动机需要复杂的转换开关,并且调速时其转速呈跳跃性变化,因而只用在对调速性能要求不高的场合,如铣床、镗床、磨床等机床上。

变极调速只适合鼠笼型异步电动机,不适合绕线型异步电动机,因为鼠笼型异步电动机的转子磁极数是随定子磁极数改变而改变的。

6.3.3 三相异步电动机制动

在生产过程中,有时需要快速停车、减速或定时定点停车,这时需要在电机转轴上施加一个与转向相反的转矩,即进行制动。制动的方式可分为机械制动和电气制动。机械制动是由机械方式(如制动闸)施加制动转矩,电气制动是施加于电动机的电磁转矩方向与转速方向反向,迫使电动机减速或停止转动。这里介绍生产中常用的几种电气制动方式。

1. 能耗制动

能耗制动是指在异步电动机运行时,把定子从交流电源断开,同时在定子绕组中通入直流电流,产生一个在空间不动的静止磁场,此时转子由于惯性作用仍按原来的转向转动,运动的转子导体切割恒定磁场,便在其中产生感应电动势和电流,从而产生制动转矩。此转矩方向与转子由于惯性作用产生的旋转方向相反,从而迫使转子停下来,如图 6.3.10 所示。

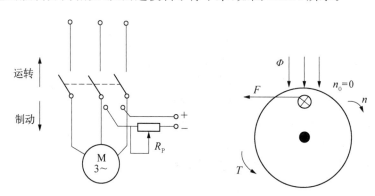

图 6.3.10　能耗制动示意图

2. 回馈制动

异步电动机运行时,若使转速超过同步转速,即 $n > n_0$,如图 6.3.11 所示,转子感应电动势反向,电磁转矩和转速方向相反,成为制动转矩,电机转速减慢,此时异步电动机由电动状态变为发电状态运行。电机的有功电流方向也反向,电磁功率为负,电机将电能回馈到电网,所以回馈制动也称为再生制动。

3. 反接制动

异步电动机运行时,如果改变气隙磁场旋转方向,则电磁转矩和转速方向相反,成为制动转矩,使电动机停车,这种方法称为反接制动,如图 6.3.12 所示。当转速降为零时,为避免电机反向电动运行,需要及时切断电源。

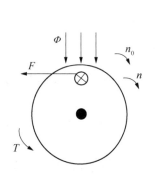

图 6.3.11　回馈制动示意图

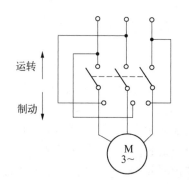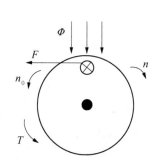

图 6.3.12　改变电源相序改变旋转方向制动示意图

6.4 直流电动机

直流电动机是电动机的主要类型之一。直流电动机既可作为发电机使用,也可作为电动机使用。由于直流电动机存在换向器,其制造复杂,维护困难,价格较高,加之现代电子变流技术的快速发展,交流电动机大有取代直流电动机的趋势。

直流电动机具有突出的优点:电势波形较好,对电磁干扰的影响小;调速范围宽广,调速特性平滑;过载能力较强,启动和制动转矩较大。目前直流电动机仍得到广泛的应用。

6.4.1 直流电动机的基本工作原理与结构

1. 直流电动机的基本结构

直流电动机由定子和转子(又称电枢)两大部分组成,如图 6.4.1 所示。每一部分也都由电磁部分和机械部分组成,以实现电磁转换的目的。

定子又称磁极,它的作用是产生主磁场及在机械上支撑电机。一般由主磁极、换向极、机座、端盖和轴承等组成,电刷用电刷座固定在定子上。

转子又称电枢,它的作用是产生感应电动势及产生机械转矩以实现能量的转换,一般由电枢铁芯、电枢绕组、换向器、轴、风扇等组成。

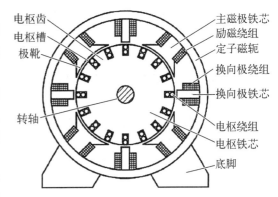

图 6.4.1 直流电动机结构示意图

2. 直流电动机的工作原理

一般直流电动机是磁极固定,电枢旋转的结构。为了理解直流电动机的工作原理,如图 6.4.2 是一台直流电动机的工作原理模型。固定部分(定子)上,装设了一对静止的主磁极 N 和 S,旋转部分(转子)上装设了电枢铁芯。

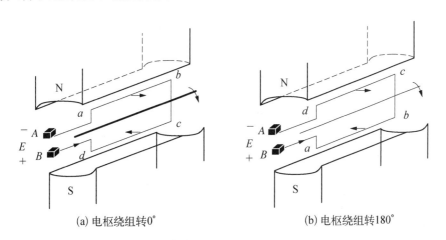

(a) 电枢绕组转0°   (b) 电枢绕组转180°

图 6.4.2 直流电动机工作原理模型

直流电动机有固定磁极即主磁极,通常是电磁铁,主磁极固定不动,在两个磁极 N 与 S 之间,有一个可以转动的电枢绕组,直流电从两换向片电刷之间通入电枢绕组,电动机电枢绕组通电后,电枢电流方向如图 6.4.2 所示。由于换向片电刷(AB)和电源 E 固定连接,无论线圈怎样转动,总是 S 极边的电流方向向里,N 极边的电流方向向外。通电的电枢绕组转过 0°时,下半部分 cd 在磁场中受到向里的磁场力,上半部分 ab 在磁场中受到向外的磁场力,两部分受到的力形成一个转矩,使线圈顺时针转动;当电枢绕组转过 180°时,ab 在磁场中受到向里的磁场力,cd 在磁场中受到向外的磁场力,两部分受到的力仍形成一个转矩,使线圈继续顺时针转动。

总之,直流电动机的主要原理是通电线圈切割磁力线按"左手定则"产生驱动力,驱动力驱动直流电动机旋转。

(1)电枢感应电动势

线圈在磁场中旋转,将在线圈中产生感应电动势 E_a。 由"右手定则"知,感应电动势总是阻碍电枢电流变化,故又称反电动势。其大小为

$$E_a = K_E \varPhi n \tag{6.4.1}$$

式中,K_E 是与电动机结构有关的常数,$\varPhi$ 是磁极的磁通,n 是电动机的转速。

(2)电磁转矩 T

直流电动机电枢绕组中的电流(设电枢电流 I_a)与磁通 $\varPhi$ 相互作用,产生电磁力和电磁转矩,直流电动机的电磁转矩为

$$T = K_T \varPhi I_a \tag{6.4.2}$$

式中,K_T 是与电动机结构有关的常数,$K_T = 9.55 K_E$。

若电动机输出机械功率是 P_2(kW),则电磁转矩为

$$T = 9\,550\,\frac{P_2}{n} \tag{6.4.3}$$

(3)转矩平衡关系

电动机的电磁转矩 T 为驱动转矩,它使电枢转动。在电动机运行时,电磁转矩和机械负载转矩及空载损耗转矩相平衡,即

$$T = T_2 + T_0 \tag{6.4.4}$$

式中,T_2 为机械负载转矩,T_0 为空载转矩。

当电动机轴上的机械负载发生变化时,通过引起电动机转速、电动势、电枢电流的变化,电磁转矩将自动调整,以适应负载的变化,达到新的平衡。

6.4.2 直流电动机励磁方式

1. 励磁方式

励磁绕组与电枢绕组的连接方式称为励磁方式,按励磁方式的不同,直流电动机可分为四种:他励、并励、串励和复励。

(1)他励

励磁绕组与电枢绕组各有独立电源,如图 6.4.3(a)所示。

（2）并励

他励直流发电机运行特性好，但励磁回路需要直流电源供电，若实际应用中没有条件，可采用并励，这样就不需要设置专门的直流励磁电源。

在此励磁方式下，励磁绕组与电枢绕组并联，如图 6.4.3(b)所示。

（3）串励

串励直流电动机广泛应用于交通运输中，在此励磁方式下，励磁绕组和电枢绕组串联，如图 6.4.3(c)所示。

（4）复励

励磁绕组和电枢绕组一部分并联、一部分串联，如图 6.4.3(d)所示。串励绕组的作用是随着负载电流的增加增磁，从而补偿了并励绕组的去磁作用。复励可灵活的调整并励和串励磁场，从而设计出所需要的外特性。一般希望随负载变化电动机端电压稳定，这一点只有复励电动机能达到。

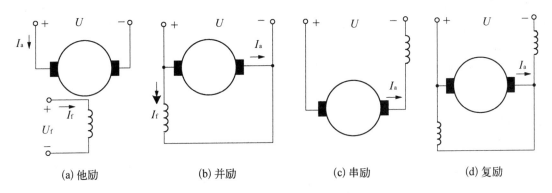

(a) 他励   (b) 并励   (c) 串励   (d) 复励

图 6.4.3 直流电动机励磁方式

2. 机械特性

机械特性是指电源电压和励磁电流不变时，转速与电磁转矩之间的变化规律。不同励磁方式的机械特性不同，直流电动机应用的主要励磁方式为他励和并励，且两者特性相同。下面以并励为例，介绍其机械特性。

由图 6.4.3(b)可得：

$$U = E_a + I_a R_a \tag{6.4.5}$$

$$I_f = \frac{U}{R_f}$$

式中，E_a 为电枢反电动势，R_a 为电枢回路总电阻，R_f 为励磁支路电阻，I_f 为励磁电流。当 R_f 一定时，I_f 与由 I_f 产生的磁通 Φ 为常数。

由电磁转矩式(6.4.2)与反电动势式(6.4.1)可知，转速：

$$n = \frac{U}{K_E \Phi} - \frac{R_a}{K_E K_T \Phi^2} T = n_0 - \beta T \tag{6.4.6}$$

其中，$\dfrac{U}{K_E \Phi} = n_0$ 为理想空载转速。

6.4.3 直流电动机的启动和调速

1. 直流电动机启动

电动机接到额定电源后,转速从零上升到稳态转速的过程称为启动过程。由式(6.4.5)可知:$n=0$, $E_a=0$ 的瞬间,启动电流 I_a 将很大。

直流电动机启动的基本要求:(1)启动转矩要大,能克服启动时的摩擦转矩和负载转矩,使电动机转动起来;(2)启动电流要小,限制在安全范围之内;(3)启动设备简单、经济、可靠。

以他励直流电动机为例,介绍直流电动机启动,他励直流电动机的启动方法有:直接启动、电枢回路串电阻启动和降压启动。

(1)直接启动

直接启动即全压启动,操作方法简便,不需要任何启动设备。因为 $n=0$, $E_a=0$, $I_a=\dfrac{U}{R_a}$,

电动机内阻 R_a 很小,所以启动电流将增大到额定电流的几十倍,又电磁转矩正比于电枢电流,所以会有很大的启动转矩。过大的启动转矩会造成强烈的机械冲击,故除了小容量电机,一般不允许直流启动。

直流电机直接启动的 Simulink 电路仿真模型如图 6.4.4 所示,其中元件参数见表 6.4.1,直流电机直接启动仿真波形曲线如图 6.4.5 所示。

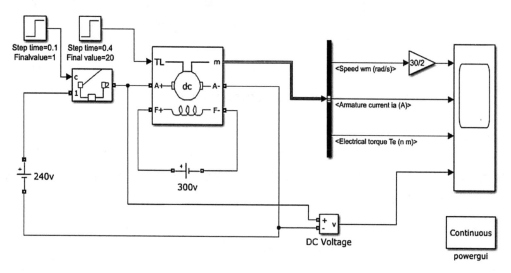

图 6.4.4 直流电机直接启动 Simulink 电路仿真(程序 zhiliu1)

表 6.4.1 元件参数

元　　件	参　　数
电源 Vd	Amplitude (V):240 V
励磁电源 Vf	Amplitude (V):300 V
电动机	Preset Model:02

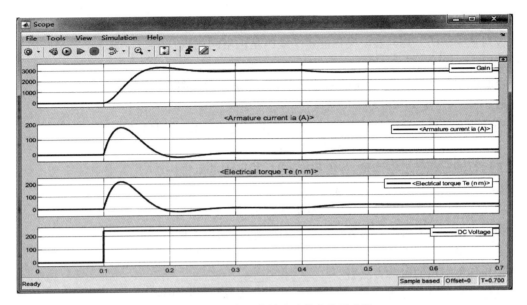

图 6.4.5　直流电机直接启动仿真波形曲线

（2）电枢回路串变阻器启动

为限制启动电流，在启动时将启动电阻串入电枢回路，待转速上升后，再逐级将启动电阻切除。

（3）降压启动

当他励直流电动机的电枢回路由专用的可调压直流电源供电时，可以采用降压启动的方法。启动电流将随电枢电压降低而减小。

2. 直流电动机调速

许多生产机械需要调节转速，直流电动机具有在宽广的范围内平滑而经济的调速性能，因此在调速要求较高的生产机械上得到广泛应用。

调速是人为地改变电气参数，从而改变机械特性，使得在某一负载下得到不同的转速。以他励直流电动机为例，他励直流电动机的转速公式如下：

$$n = \frac{U - I_a R_a}{K_E \Phi} \tag{6.4.7}$$

由式（6.4.6）可知，在某一负载下（I_a 不变），U、R_a、Φ 中均可调节转速，所以有三种调速方法：改变电枢电压调速，电枢串电阻调速，改变磁通调速。

习题六

一、填空题

1. 异步电动机的两个基本组成部分为_____和_____。
2. 电动机是将_____能转换为_____能的设备。
3. 三相异步电动机的转子有_____式和_____式两种。
4. 在额定工作情况下的三相异步电动机，已知转速为 960 r/min，电动机的磁极对数为 3，同步转速为_____，转差率为_____。

5. 异步电动机的转子转速总是_____（超前、落后）于电动机的同步转速。

6. 磁极对数为 1 的三相异步电动机的定子绕组是由空间相隔_____的三个完全相同的线圈组成。

7. 当每相绕组为两个线圈,绕组的始端之间相差 60° 空间角时,产生的旋转磁场具有_____对磁极。

8. 三相异步电动机带动一定的负载运行时,若电源电压降低,此时电动机的转矩将_____,电流_____,转速将_____（增大、减小或不变）。

9. 稳定运行的三相异步电动机,若负载加重时,其定子电流将_____,电磁转矩将_____,转差率将_____（增大、减小或不变）。

10. 三相鼠笼异步电动机常用的降压启动方式有两种：_____与_____。

11. 三相异步电动机的调速方法有_____、_____与转子回路串电阻调速。

12. 三相异步电动机的电气制动方法有_____、_____与_____。

13. 单相异步电动机的启动方法有_____和_____。

14. 直流电动机的励磁方式有_____、_____、串励与复励四种。

15. 直流电动机限制启动电流的方法有_____与_____。

二、判断题

1. 异步电动机是一种交流电动机。（　　）

2. 三相异步电动机的定子铁芯是电动机电路的一部分,定子绕组是磁路的一部分。（　　）

3. 三相异步电动机的极数就是旋转磁场的极数。（　　）

4. 三相异步电动机的定子绕组通入对称三相电流,在定、转子之间的气隙中会产生一个旋转磁场。（　　）

5. 三相异步电动机中,当旋转磁场反转时,电动机仍保持正转。（　　）

6. 三相异步电动机的电磁转矩是转子中各个载流导体在旋转磁场的作用下受到电磁力对转轴的转矩总和。（　　）

7. 最大转矩与电源电压平方成正比。（　　）

8. 采用 Y - △ 换接启动时,启动电流是直接启动时的二分之一。（　　）

9. 制动是给电动机一个与转动方向相反的转矩。（　　）

10. 单相电机由单相交流电源供电。（　　）

11. 直流电动机的转子又称为电枢。（　　）

12. 电枢电路内串接可变电阻调速,当电阻变大时,转速上升。（　　）

13. 三相异步电动机只能通过两个途径调速。（　　）

三、选择题

1. 异步电动机旋转磁场的转向与(　　)有关。

A. 电源频率　　　　B. 转子转速　　　　C. 电源相序

2. 将异步电动机接三相电源的三根引线中的两根对调,此电动机(　　)。

A. 转速增大　　　　B. 反转　　　　C. 转向不变

3. 当负载转矩增大到超过电动机的最大转矩时,电动机(　　)。

A. 转速不变　　　　B. 反转　　　　C. 堵转,长时间会烧毁电机

4. 当电源电压恒定时,异步电动机轻载启动和满载启动相比,启动转矩(　　)。
　　A. 完全相同　　　　　　B. 小　　　　　　　C. 大

5. 降低电源电压后,异步电动机的启动转矩将(　　)。
　　A. 减小　　　　　　　B. 增大　　　　　　C. 不变　　　　　　D. 无法比较

6. 降低电源电压后,异步电动机的启动电流将(　　)。
　　A. 减小　　　　　　　B. 增大　　　　　　C. 不变　　　　　　D. 无法比较

7. 某三相异步电机在额定运行时的转速为 735 r/min,电源频率为 50 Hz,此时转子电流的频率为(　　)。
　　A. 50 Hz　　　　　　B. 49 Hz　　　　　　C. 1 Hz　　　　　　D. 10 Hz

8. 一台三相异步电动机工作在额定状态时,其电压为 U_N,最大电磁转矩为 T_{max},当电源电压降到 $0.8U_N$ 而其他条件不变时,此时电动机的最大电磁转矩是原 T_{max} 的(　　)。
　　A. 0.64 倍　　　　　B. 0.8 倍　　　　　C. 1 倍　　　　　D. 2 倍

9. 直流电动机的主磁场是(　　)。
　　A. 固定不动的　　　　B. 旋转的　　　　　C. 脉动的　　　　　D. 未知

10. 直流电动机的电磁转矩与电枢电流(　　)。
　　A. 无关　　　　　　　B. 成反比　　　　　C. 成正比　　　　　D. 未知

11. 下列(　　)不是直流电动机的调速方法。
　　A. 改变电枢电路的电阻　　　　　　　　B. 改变磁极磁通
　　C. 自耦调速　　　　　　　　　　　　　D. 降低电枢电压调速

四、名词解释

1. 异步电动机
2. 旋转磁场
3. 额定转矩
4. 制动转矩
5. 反电动势

五、简答题

1. 请简述三相异步电动机的转动原理。
2. 为什么转子的转速总要小于旋转磁场的同步转速?
3. 如何实现反接制动?
4. 如何实现能耗制动?
5. 直流电动机为什么不能直接启动?
6. 当三相异步电动机的负载增加时,为什么定子电流会随转子电流的增加而增加?

六、计算题

1. 一台三相异步电动机,其额定转速 $n = 720$ r/min,同步转速 $n_0 = 750$ r/min,电源频率 $f_1 = 50$ Hz。 试求电动机的极对数和额定负载下的转差率。

2. 有一台四极三相异步电动机,电源电压的频率为 50 Hz,带额定负载时电动机的转差率为 0.02。求电动机的同步转速、转子转速和转子电流频率。

参考文献

〔1〕 秦曾煌.电工学[M].7 版.北京:高等教育出版社,2009.

〔2〕 孔庆鹏.电工学(上册)——电工技术基础[M].北京:电子工业出版社,2015.

〔3〕 谢国民,单亚锋.电工电子技术[M].北京:北京理工大学出版社,2015.

〔4〕 张南,吴雪.电工学:少学时[M].4 版.北京:高等教育出版社,2020.

〔5〕 张永平,程荣龙,周华茂.电工电子技术[M].2 版.武汉:华中科技大学出版社,2017.

〔6〕 黄忠霖,黄京.电工原理的 MATLAB 实现[M].北京:国防工业出版社,2012.

〔7〕 黄忠霖.电工学的 MATLAB 实践[M].北京:国防工业出版社,2010.

〔8〕 曹戈.MATLAB 在电类专业课程中的应用——教程及实训[M].北京:机械工业出版社,2016.

〔9〕 洪乃刚.电力电子电机控制系统仿真技术[M].北京:机械工业出版社,2013.